能从浪费时间中获得乐趣，就不是浪费时间。

——罗素

In this unpredictable life,
be sweet and happy!

生活奇奇怪怪，
你要可可爱爱

夏天 著

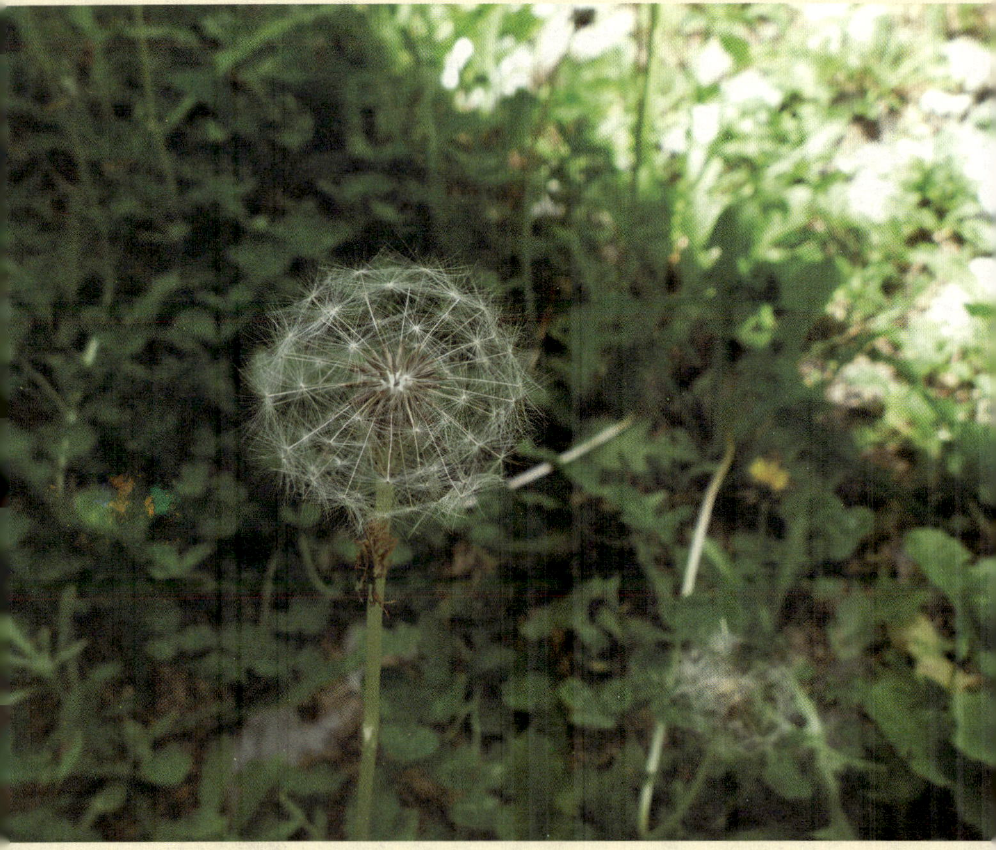

有没有人和我一样,
看到完整的蒲公英花球,
一定要给它拍一张美美的照片?
然后,"呼"的一下,
所有种子带着未来,
奔赴下一个山海。

哪怕生活支离破碎，
也请你，
用尽全力，
向阳而生。

问：你是如何走出人生困境的?
答：多走几步。

那些曾被你忽略的日子，
也是人生中，
独一无二的一天。

没有一朵花从一开始就是花，
播种和收获，
从来不在同一季节。
静待时光，
让花成花，让树成树。

不要慌，
不要慌，
太阳下山有月光。

人这一生，
总有一段旅程，
是要靠自己一个人撑过来的。
这时候你才会发现，
我们一生面临最大的敌人，
是自己。

不要赶路，
感受路，
你终将拥有一个
自己说了算的人生！

目 录
Contents

第一章
我知道你很急，但你先别急

我知道你很急，但你先别急　_003

不要慌，太阳下山有月光　_010

给时间一点时间，让过去成为过去　_017

不要否定曾经的自己，没有他就没有现在的你　_024

没有一朵花从一开始就是花　_031

第二章

生活奇奇怪怪，你要可可爱爱

人生哪有岁月静好，自己的快乐得自己找 _041

生活奇奇怪怪，你要可可爱爱 _049

上了生活的贼船，就做个快乐的海盗 _058

可以简简单单，但不要随随便便 _066

外界的声音只是参考，你不开心就不要参考 _077

有趣，都藏在无聊的日子里 _087

第三章

大胆点生活，你没那么多观众

如果运气不好，那就试试勇气 _099

大胆点生活，你没那么多观众 _106

一生不喜与人抢，该得到的也别让 _112

任何消耗你的人和事，多看一眼都是你不对 _121

留不住的时候，该放手就放手 _129

第四章

心动只是缘起，心定才是余生

心动只是缘起，心定才是余生 _139

爱在细节里，不爱也是 _146

这世上什么都有，就是没有如果 _155

没有人会保证一直喜欢你，但总会有人喜欢你 _163

第五章
凡事发生，必有利于我

凡事发生，必有利于我　_171

不要停止奔跑，生活不过是见招拆招　_178

今天过得不好，明天可不一定　_186

如果快乐太难，祝你腰缠万贯　_192

第六章
允许一切发生

看过世界辽阔，再去评判是非　_201

就算你不喜欢现在的日子，它也不会再来了　_208

时间不一定是药，但药一定在时间里　_216

我别无所求，只想被阳光晒透　_224

时光匆匆流转，别等来日方长　_232

第一章

我知道你很急，
但你先别急

我知道你很急，
但你先别急

01

一次打开微博时，我看到了屏幕上跃动的问题，是针对毕业生的。

"毕业后你将要做什么？"问题的选项有找工作、出国、考研和考公。

虽然已经不是毕业生了，但是出于对答案比例的好奇，我也点击了其中一个选项。

结果显示，每个选项都有人选择，其中考研和考公的比例占了大部分。问题底下还有很多人对于选择的争论，一个网友的评论引起了我的注意：

"难道我们非要现在、立刻、马上决定好自己的未来吗？"

这让我想到前些天与朋友见面时，听她说起她妹妹的事。妹妹是今年的毕业生，她的学校最近正在调查这届毕业生的去向问题。

我询问朋友:"妹妹做好决定了吗?"

朋友和我说:"还没有呢,她说不着急决定是考研还是工作。她想给自己一些时间去游历、去实践,再决定自己要做什么。"

我们多数人都在被社会快节奏的氛围裹挟着向前,我们急于看到未来的模样,急于确定自己未来要做什么。

但未来属于未知,没有到达之前,又怎么能看得清清楚楚?

这就像我们梦想去旅游,在到达任何一个城市之前,所有的猜测都是臆想。唯有抵达,才能真切地感受它的一草一木。

通向未来的路,会有迷茫,会有徘徊。抵达目的地的过程一定曲曲折折,那是因为——

太容易到达的地方,不叫远方;太容易实现的愿望,不叫梦想。

急于求成,反而适得其反。

人生如熬粥,需要小火慢慢熬。学会等待,才能闻到粥的浓香。

未来看不清楚也没关系,慢慢走,经历该经历的,你一定会收到自己的专属惊喜。

我曾在网络中看到过一个英文词语gap year,意为间隔年。我很喜欢它的意思,当即便被触动了。

这是西方的一个说法,在一些国家流行,指年轻人在升学或者毕业后工作之前,并不急着进入人生的下一个阶段,而是给自己一个停顿的时间、一个放松的机会,用一年时间来旅行或者做其他自己喜欢的事情。

能够拥有停顿的时间,有很多的意义。我们可以借此跳出原本熟悉而封闭的圈子,这既是开拓视野的方式,也是探索自我的机会。

我们并不需要每一步都走得严丝合缝,只要恰如其分即可;也不需要一直匆匆忙忙,因为未来很长很长。

太长远的决定,不能让步履匆忙的人来做,从容淡定、不急不躁的人才能做出最合适的决策。

02

小唯是一个新媒体工作者,经常在社交媒体上分享自己的生活动态。因为她人长得很漂亮,日常发布的内容又颇为积极向上,我便关注了她。

平日里我们也会有短暂的交流,更多的时候我会安静地感受小唯身上的能量。可是有一段时间,她似乎遇到了事业瓶颈,分享的内容肉眼可见地变得颓丧。

"好累啊,好想走啊!"

通过小唯的分享,我知道了她颓丧的原因。

小唯的公司出了一个新的选题,为此成立了一个临时小组,她是负责人。可是她与团队中的其他人都不熟悉,也是第一次做统筹工作,因此工作内容分配出现了不平衡的问题。

小唯负责后期剪辑,寻找素材则是另外的同事负责。可是同事寻找到的素材不适合小唯想要精剪的主题,她只能自己重新搜索素材。增加了工作量不说,当她做完大部分工作并将剪辑成果展示给别人看时,却听到了这么一句话:"就这?你竟然花了这么长时间?"

小唯一瞬间对自己的努力产生了那么一点点怀疑，自己的付出没有收到正向回应，这太让人沮丧了！于是沮丧的她在日常分享中写下："我不想干了，我想躺平！"

不过，她说的"躺平"，大概就是忙中偷闲去打了两场羽毛球吧。当我第二天再看到她发的动态时，就知道她又恢复了活力。

"等着看我的成果吧！"我好像能够听到她说这句话时充满斗志的声音。

一段时间后，她的作品完成，获得了领导和客户的赞赏，她开心地在朋友圈分享自己的努力没有白费的心情。

在受到质疑时，她没有急于向别人解释自己要完成这只有几分钟时长的视频究竟需要做多少准备，而是将证明的机会留在了以后。

生活中每个人都会遇到大大小小的问题，可并不是所有的问题都要立刻得到解决。有些事，可以缓一缓再办；有些问题，可以缓一缓再解决。

不急于解决问题，也是解决问题的一种手段。

暂时没有人看见你的付出也没关系，你的成绩自会证明你的努力。

给问题留一些时间，也许就会得到你想要的答案。

03

曾经，我不允许自己的履历出现空档，从一个地点离开，马上就要到达新的目的地。

那时的我，似乎一直被什么东西推着走。我在去新目的地的路上，时刻注意着距离和时间，生怕自己比别人晚了一点点。

可是，晚到不代表不到，大多数人赶往的地点也并不一定是我要去的地方。没有事事都赶着与大多数人一样，那又怎么样呢？

人只要到达自己的目的地就好了。

我租房时曾经遇到一个姑娘，她是一个勇敢的人。

姑娘从小就有一个明星梦。在刚刚毕业时，她与几个朋友一起拍摄短视频，想要做"网红"。可是他们的流量并不好，其他人逐渐放弃了这条路。

只有她一直没有放弃，即便只剩她自己了，她也一直在坚持更新自己的账号内容。

多年以后，她才有机会参演电视剧，并被人注意到。我看见有人在她的视频下评论："原来就是她呀。很早就看过她的视频了，之前一直没有多注意。"

她的故事由此被人们注意到，之前的视频也开始被人"考古"。在她的身上，我看到了"厚积薄发"四个字的生动体现，之前没激起水花的作品现在也成为她在人前展示的坚固堡垒。

她因为喜欢，开始了对梦想的探索，一步一个脚印，逐渐走入了大众的视野。我曾见过她的低谷期，也听过有人劝她放弃，劝她和其他人一样去做个普通人。她也曾迷茫过、动摇过，最后却还是坚定了决心，不急于立刻收到反馈，而是踏踏实实一路走到了现在。

她在朋友圈中分享："我取得成果所用的时间比其他人长了不

少,不过还好我坚持到了有结果的这一刻,这一切很值得。"

我们应该允许自己的生活节奏慢于别人,允许自己与同龄人有短暂的错身。

在电视剧《见面吧,就现在》中,有一段我很喜欢的台词。男孩对着天生慢一拍的女孩说:"这个世界呢,有那么多人,有很多很多慢半拍的世界的孩子,也有很多很多快半拍的世界的孩子。你是一个幸运儿,因为你不需要跟那么多人卡在同一个节奏里。"

与他人的节奏不同,是一件多么幸运的事。

04

刚进新公司后,有一次下班回家,我想着回家的路已经走过好几次了,基本上已经记住了,就没有开导航。

谁知道,在转了个弯后,我突然越走越觉得陌生,心中隐隐不安,最终还是打开导航看了一眼。果然,导航显示的结果是弯转早了,要绕一段路才行。幸好我没有盲目地走下去,否则岂不是南辕北辙了。

跟随导航走了一段路后,回到了熟悉的路上,我突然心血来潮,放慢了疾行的脚步。

我抬起头,看了看树,又看了看天。树叶是黄色的,映衬得天空愈发湛蓝;前后看去,路面宽阔而整洁;左右看去,高楼林立在树影之间,相得益彰。

我的心情忽然开阔起来,因为走错路而产生的一点阴郁全然消失了，心中想着"今日份开心加一"。

原来我熟悉的，只是每日在导航上看到的路线，并不是真正走在脚下的路。路上的风景实际上很美，可我这么多天行色匆匆，记得的竟然只有水泥地，除了注意一下路面不让自己摔倒，我似乎再没好好看过它了，也就错过了这令我心情开阔的美景。

人们好像总是在计算时间、关注效率，每一分每一秒都要精心地规划，连路上花费的时间也是精打细算。上班的路上，偶尔还能看见一些人小跑着前进。这么着急，怎么会有多余的精力去注意美好的东西呢？

有人总说"与时间赛跑"，可是时间从来不会改变它流逝的速度，能够改变的只有人而已。

你的脚步或急或缓，能够对它产生判断的也只有你自己的心而已。

放缓脚步或者短暂地停留，不代表止步不前，而是给自己一个感受生活的机会，去发现和体验那些疾行时不曾发现的美好。

经历本身就是人成长中的一部分。你经历了什么，从中体会到了什么，决定了你未来的样子。

一生很长，有些阶段不用着急，短暂地放慢脚步，不会影响我们到达目的地的整个行程。

不要慌，
太阳下山有月光

01

"不用急着非要改变什么，顺其自然就好。"这是我之前的同事奈奈在生活中最常说的一句话。

我问她为什么总爱说这句话，她笑着对我说："那不然呢？事情还会随着我的心意想怎么发展就怎么发展吗？肯定不会吧。那还不如顺其自然呢。"

前段时间，奈奈的公司要进行业务扩张，需要外派一些人到偏远的地方工作几年，外派人员要根据公司员工的业绩来安排。

一时间，公司里人人都不安起来，纷纷猜想自己是不是会被选中，又会被派往哪里。毕竟外派的那些地方发展前景都不如北京，也就没有什么人想去。

奈奈却没有对此事表现得过于焦虑。每当有其他同事问她的想法，她的回答都是："我没有什么想法。"

我问她："你不想知道自己会不会被派出去吗？"

她和我说："想啊。但是也不会因为我着急就能马上知道啊，那干吗要提前焦虑？"

结果出来，她被派了出去。不过还好地点并不过于偏远，且距离奈奈的老家倒是比离北京更近些，偶尔她还会从那里回家一趟。

在被安排之前，她没有对结果过于执着。在结果已经确定之后，她常常将其认为是意料之外的惊喜。

"原来一切都是最好的安排。"

以顺其自然的态度面对生活，并不是消极地放弃努力，而是以一种平和乐观的心态来面对任何可能发生的情况。

对于未来才会发生的那些事情，不纠结，不焦虑，不给自己压力，珍惜和把握眼前拥有的一切。

从容地面对，坦然地接受，也许才是获得幸运之神垂青的前提。

事与愿违是常态。沉溺于不好的结果，只会错失改变现状的机会。

学会接受和放下，调整好心情再出发，也许会收获意外之喜。

02

人好像都有创伤后应激反应综合征。当我们遇见不顺的情况后，会下意识地逃避与之相似的事。

朋友蕾蕾有过两段工作经历，两段经历之间相隔了几个月。

第一份工作，她只在公司待了一天就离开了，原因是被吓着了。

她入职的第一天就参加了公司的选题讨论会，在会议上看到，除她之外的每一个人都受到了领导的批评。

她对我声情并茂地描绘着前领导是如何在会议上批评其他人的："基本上每说一个字都会被批，领导一直重复几个字——'落到实处'，那气压低到我连呼吸都是小心翼翼的。他还在会后只把我一个人留下，告诉我'这份工作肯定是有压力的'。"

据说她在第一天回去后，就被公司的氛围吓哭了，连与她合租的舍友都发现了她心神不宁。

她对我说："我本来还想坚持几天试试看的，因为万一不是公司的问题，而是我自己的问题呢？那时候就想着，万一工作都是这样呢，又不能次次都受不了就走。"

她的舍友看不下去她纠结的状态，告诉她："这不是你的问题，公司并不都是这样的。气场不合不要烦，赶紧跑路啊。"

她这才下定了决心在第二天离开。

这件事对蕾蕾产生了很大的影响，甚至让她一度逃避找工作这件事，两份工作之间的空窗期就是由此产生的。

好在她鼓起勇气找到的第二份工作给了她很大的安慰。她在那里工作得很开心，同事之间相处得也很好，这逐渐打消了她对工作的恐慌。

再想起前一份工作，蕾蕾已经释然了。她对之前朋友安慰她的话深以为然，"气场不合不要烦，赶紧跑路啊，总会找到与自己的气场相合的地方。"

一件事情不顺利,不代表之后与之类似的每一件事情都不顺利。

或许只是你与这件事中的某个人、某个地点气场不合而已。既如此,何不换个人、换个地点试一试呢?

坎坷和挫折本身不是问题,你不应该因此对自己产生怀疑,甚至让它成为放弃的理由。

失败的阴影会蔓延也没关系,因为阴影只能躲在向阳而生的事物背面,而你,当向阳而生!

03

我们成长的一路上,一帆风顺近乎奢望。重要的是不要过于留恋已经取得的成就而止步不前,也不要因为生活的打击而失去从头开始的勇气。

好友婷婷在一家私企工作了四年多后"裸辞"了。她在离开公司的前一年,就发现自己的团队频繁地有人离职。而大量人员离职的结果就是,大大增加了剩下人员的工作量。到了年底,婷婷几乎没有周末,公司的氛围也变得紧张和尴尬起来。

一开始,因为就业环境不好,婷婷本想再坚持一段时间。可是她每天一睁眼,想到将要面对的领导和客户的信息轰炸,心里就觉得很崩溃。

有一天早上,她突然给我打来电话,告诉我:"我辞职了。"她说在公司里待得实在太过压抑,已经没有心思去想下一份工作是否好找的事情了。

但就业形势的恶劣超乎了婷婷的想象,她在"裸辞"后的三个月里只接到了两个面试机会。而且上一份工作的痛苦让婷婷对于私企产生了心理阴影,于是快30岁的婷婷决定开始考编制。

但考试进行得也不顺利。这时距离婷婷"裸辞"已经过去了快五个月,刚刚辞职时的轻松已经被消耗殆尽。她尝试着一边投简历,一边准备考试,还要为自己的经济状况焦虑。

婷婷辞职半年多的时候,焦虑几乎已经占据了她全部的情绪,可是她的内心仍然拒绝随便找个工作。她对我说:"我不会为了工作而工作的,不能再像上一份工作一样了。大不了存款花光,也绝对不能草率做决定。"

"在我筛选这些工作机会的时候,我越来越知道自己想要什么了。"

还好,最终婷婷遇到了自己满意的工作机会。那天她发了个朋友圈:"感谢在艰难的时刻仍选择了遵从自己内心的自己。我又活过来了!"

入职新公司后,她身上失业带来的焦虑和不安已经消失得无影无踪了。

我们每个人都有处境艰难的时刻,但那也许并不是我们自己的问题,也并不是我们比旁人运气不好,只是大环境如此,难以避免罢了。

我们的人生拥有试错的机会，我们可以允许自己利用这样的机会。

人生路上的短暂阴霾并不代表人生永久黑暗。

我们需要更多的耐心。给自己一点时间，终会"守得云开见月明"。

04

曾看过一个自媒体达人的故事。这位达人之前任职于一家互联网公司，在那家公司工作了几年，业绩也一直不错。公司刚刚发布裁员消息时，她还比较自信。当她被公司人事约谈后，才知道自己的业务被停了。

因为对公司所给的赔偿不满意，她选择了劳动仲裁，可又害怕劳动仲裁会影响以后找工作时的背调。综合考虑之后，她决定不再找工作了，她要自己开一家小店。

她原来也一直在做自媒体，她将被裁员和劳动仲裁这一系列事情发布在账号上，流量明显提高了很多，也为她的新店开张带来了潜在顾客。

最后劳动仲裁的结果还算让她满意，她开始一心经营起自己的小店。现在她在北京已经开了一家分店。

人生从来不是只有一条路可走，没有人要求你必须一条路走到黑。

你总会面临各种选择。选择不同，所走之路也不同。能够找到最适合自己的路是一件幸运的事，但一时走到了不适合的路上，也并非不幸。

大部分人或许在做出选择之前并不知道自己适合什么，那也没有关系。

只要能走下去，就说明这条路上有你想要的风景，有很多值得记忆的时刻。你回首便可发现，你的各种经历让寻常的生活泛起光芒。

如果走不下去了，那就再次站在选择的路口，重新选择一条路。

不要慌，太阳下山有月光，月光落下有朝阳。无论月光还是朝阳，都会带着希望，照亮你的前路。在此处有所失，也许在他处终有所得。

给时间一点时间，
让过去成为过去

〰〰

01

萌萌这几年谈过几段恋爱，她每一次恋爱都十分认真，但结果都不是十分如意。我一直以为是她还没有稳定下来心思，或者对恋爱的要求太高了。

直到那天萌萌来我家找我，聊天中，她提到了她高中时期的一段朦胧爱情，我才知道原来是她心中有放不下的人。

那个男生阳光开朗，长相也是萌萌十分喜欢的类型。她告诉我，其实是她先注意到男生，她在第一次见他的时候便忍不住将目光放在了他的身上，即便当时他们并不认识。

她笑着和我说："他一定不记得我们第一次见面了，可我还记得。"

他们两个在认识后成了很好的朋友。男生总是夸赞萌萌，也时常开玩笑般地说:"我喜欢你。"可是那个时候的萌萌完全没有任何恋爱的想法,一心只扑在学习上,而她也认为男生的那句话是真的在开玩笑。

"我当时每每听到这句话就把头转到一边,下意识就这样了,也没什么理由。"她苦笑着对我说。

我想萌萌之所以会这样,大概是怕自己把玩笑当真,也怕对方不是在开玩笑,而自己还没有想好怎么面对这份感情,所以就下意识地逃避了。

她曾经在心里做过决定,如果在毕业之后两人还维持着当时的状态,那么她会主动地、勇敢地去试一试。

可惜往往事与愿违。

或许是因为萌萌的一次次反应太过冷淡,而少年的感情都期待得到热烈回应,慢慢地,男生不再对萌萌表达心意。

萌萌倒是越发在意起男生来了,可她在这方面也不是积极主动的性格。她开始不确定男生对自己的感情了,看着男生与其他女生玩闹还会安慰自己:"没关系,我们俩的性格也不适合在一起,像现在这样就很好了。"

但是这种话向来只能搪塞别人,安慰不了自己。以至于在很多年以后的现在,萌萌还拉着我说:"要是让我回到过去,管他什么结果,我非要在他最喜欢我的时候和他谈一场恋爱!"

我看着她好像玩笑一般说着略显幼稚的话,真切地感受到了那场朦胧爱恋给她留下的遗憾。

相爱,是要双方在相同的时间去爱。

爱的时间错位，往往也代表了人的错过。

少年的爱慕，青涩稚嫩却赤诚灼人。

萌萌和我说，那时是最简单又纯粹的喜欢，有一种在成年人的恋爱里体会不到的感受。他们没有衡量对方的学历、工作和家境等任何附加的东西，单纯地只是被对方本身吸引着。

萌萌笑看着我说："他每次夸我和向我表白的时候，眼神都格外专注，一声声的'我喜欢你''你好棒啊'……我没办法不遗憾。"

美好的感情却没有获得同样美好的结局，是为遗憾，而遗憾本身就会让人记住很久。

可是，谁又没有遗憾呢？

生活哪会事事完美，遗憾也是另一种美。

或许人生正因为有了遗憾才是完整的。

但人不能执着于遗憾，因为遗憾也代表着过去，沉迷于遗憾的感伤，会造成现在和未来的遗憾。

遗憾教会我们珍惜现在，毕竟过去已经过去了。

纠结过往，就会错过现在；放下过去，才能走向未来。

02

我老家的邻居是一对老年夫妻，爷爷姓张，奶奶姓刘。他们待我极好，就像是对亲孙女一样。或许是因为在他们的生活环境里我的年龄最小，他们对我比对其他孩子一直多了一点偏爱。我和他们也十分亲近。

在我还没有去离家很远的地方工作时，他们相继去世了，张爷爷先刘奶奶一步离开。我早早地就听说了张爷爷的身体出现了问题，心里已经有了些准备，所以当听到消息时并没有太大的反应。

我回去参加葬礼，看着张爷爷家门口的时候，还在想："万一一会儿哭不出来怎么办？"

在葬礼上，有一些流程需要大家在特定的时间哭。奇怪的是，偏偏在这种时候，我最是哭不出来，等大家都安安静静了，自己反而在一旁不停地掉眼泪。

嘈杂而繁复的葬礼过后，世界陡然变得安静。我站在张爷爷的屋子里，看着熟悉的环境里却没有熟悉的人，才真切地意识到张爷爷已经离开了。

我感受到那个房子里前所未有的空旷。这种感觉在刘奶奶也离开后变得更加明显。

刘奶奶是在张爷爷去世两年后离开的，自此，那个熟悉的地方开始变得荒凉了。

在他们刚刚过世的时候，我在路上看到上了年纪的老人，就会盯着他们看一会儿，放任泪水盈满眼眶。有时是想要在其他人身上看到他们的影子，有时只是单纯地看着，以此来填补我对他们的思念。看见一些明显生活得很好的老人，我还会哭着哭着笑出来。

有一段时间，这甚至成为我下意识的习惯。不过好在这个习惯的表现在逐渐减弱，慢慢地，我只是看看他们，不会再盯着看很久，更不会哭了。而现在，我已经不再有这样的行为了。

再次想到张爷爷和刘奶奶，我仍会怀念，但是已经没有刚开始那么难过和不舍了。这种怀念也不会再影响我现在的生活了。

再浓烈的情感都会在时间的流逝中变浅、变淡。当时感觉永远也放不下的事情，终究会随着时间的逝去而逐渐释怀。

时间冲淡了情绪，让过去真正地成为过去。

03

我是在一次工作交流中认识的小涛。他老家是贵州的，在北方上的大学，之后就留在了北方工作。

一开始，小涛在工作中做得不错，很快受到了提拔。但是他阅历尚浅，在一次与商贸公司的业务往来中被骗了一百多万。

他给公司造成了这样大的损失，公司辞退了他，还将债务压在了他的身上。

被辞退后，小涛根本不敢和家人说。他家里有好几个弟弟妹妹，他是老大，家人对他抱有很大的期望。小涛告诉我，他心里其实一直都觉得自己干得不好就没脸回老家。

他一直想做出一番成绩后回馈老家的那方土地。

小涛突遭此变故时，周围人总是向他提起这件事，都对那家骗了他的公司气愤不已。他自己倒是很少提起，还安慰我们："已经发生了就不提了。没事,总有办法解决的。"

一百多万的债务对于当时的小涛来说是个天文数字。为了尽快还清这笔债务,也为了实现自己衣锦还乡的愿望,他开始了创业之路。

最近,他自己的烘焙品牌刚刚出了新的产品。公司的整体情况中规中矩,他斗志满满,很有信心。这些年,他坚持为家乡做着一些事情,积极地参与家乡的建设和宣传工作。每当提起这些,他都很自豪。

过去的事情已经过去,时间是往前走的,人也只能随着时间前进,不能停留,更没有机会回头。

时间既是我们人生经历的参与者,也是我们成功和失败的见证者。

我们都有机会在时间的流逝中重新开始,不要因为过去的失败而止步不前,也许属于你的成功正在未来等着你。

04

最近市中心的广场上在做一些活动,听说晚上会有演出。周六是朋友绵绵的生日,我就约她一起去看。

我完全没有想到,当我们到了广场附近,人多到走路都会堵。因为有活动,平日里免费进的广场收费了。我们没有找到交费入口,人太多了,也没有慢慢寻找的条件。

无奈,我们只好又随着往回走的人潮一起挤了出去。

我有些紧张，有点担心绵绵的情绪，我不想让她在生日这一天，度过一个不开心的晚上。

于是我开口向她道歉："对不起啊绵绵，早知道我们就不出来了。在家里也好过在这里挤来挤去一晚上，还没有看到演出。"

可绵绵却立刻反驳了我的话："怎么会？！在家里待得无聊，况且今天晚上还没过去呢，哪里有挤来挤去一晚上啊？"

没想到，被安慰的人反而是我。

我们走出了最挤的地方后，没有立刻坐车回去，而是继续往前走。

我们的身边有一条河，想去的广场也在这条河附近。令我们惊喜的是，原来不只广场上有演出，河道两旁也有烟花在放。

我们驻足在河边，一起看着绚丽的烟花在我们眼前绽放。我听见绵绵在旁边说："你看，今天晚上我们看到烟花了。"

我轻轻地"嗯"了一声，在心里回应了自己之前的话："就算早知道会挤，还是要出来的。"

我们总是想要快速地知道做出的决定是否正确。在做出选择后，遇到一点点挫折就开始后悔："早知道，当时我就不……了。"

可事实上，我们还未走到这个选择的终点，没有得到最后的答案。那又何必提前为自己的决定后悔？

想知道现在的选择是否正确，不要着急，给时间一点时间。

时间自会在未来告诉你答案。

不要否定曾经的自己，
没有他就没有现在的你

~~~~

01

我刚刚入行的时候，领导是一个四十多岁的女人。见她的第一面，我只觉得她是一个长相很温和的人。后来在她手下工作时，我才知道，她是一个严苛的领导。

她对我们的工作有着极严格的要求，每一个选题从大方向到小细节都亲自过问。那时每隔几天就要开会，她热衷于在会上让每个人展示自己的稿件，她再一一点评。她不吝啬夸奖谁做得好，对于做得不好的人态度也十分严厉。

我第一次参加会议时，趁着她批评别人稿件的标题和立意，特意检查了自己稿件的内容。我当时还在心里祈祷："不用表扬我，只要不骂我就好。"

轮到我展示稿件时，她大声叫了一下我的名字，当即我就紧张起来了。稿件在电脑上被打开，入目的就是密密麻麻的标记。我的心沉入了谷底，呼吸都开始变轻。

我暗自做了被骂的准备，果然内容被指肤浅，文笔被指幼稚，错别字和语句不通顺更是不能被原谅的低级错误。我成了会议上的反面教材，并没有因为刚到公司不久而得到任何宽待。

会议结束之后，有同事过来安慰我："习惯就好了，她对谁都这样，你别往心里去。"我笑着抬头对她说谢谢，并告诉她我没事。可其实心里已经对自己产生了怀疑，怀疑自己的能力，也怀疑自己对于这份工作的选择是否正确。

哪有人被批评了不难受呢？坚持了一上午不将情绪展露人前，中午休息的时候，我终于还是忍不住，躲到卫生间偷偷哭了一场。

我还记得那时我问自己："我是不是不适合干这个工作啊？""下次开会怎么办啊？"那段时间，我陷入了对领导的恐惧和对职业的不确定中，每天都小心翼翼的，企图降低自己的存在感。每次在会议上面对领导的点评，都好像在经历一场没有硝烟的战争，而我毫无招架之力。

为了减少自己被批评的次数，减少自己的难过和面对领导时的紧张，处理稿件的每一步，我都慎之又慎。

大概在两三个月之后，我逐渐适应了公司的工作氛围，熟悉了行业规则，对稿件质量的把控得心应手起来，工作对我来说不再是一件痛苦的事情。

之前聊到未来的职业规划，有人问我："你喜欢做什么？"那时我没有回答。可我现在可以告诉她:"我喜欢做我擅长的事情。"

在引我入行的公司只待了一年左右,我就离开了。那位领导是我的第一个老板,她对工作的严厉让我过了一段战战兢兢的日子,但是我仍然对她充满感激。

因为如果没有那段经历,也许我还会对自己的未来迷茫很长一段时间。

没有压力,就没有动力。

她给我的压力成为我成长的动力,让我快速提升自己的能力,加深对行业的认识,从而确定了自己的职业方向。

而且在她的高压管理下,我的适应能力提高了很多。这让我每到一个新的工作场所,都能够快速地适应环境。

我们总会遇到让我们在某个阶段十分痛苦的人,但只要尚在可承受范围内,就不要急于逃离这样的人。

痛苦使人成长。曾经或者现在遭遇艰难,对于未来而言,也许是一种特殊的幸运。

02

前些天萱萱的服装设计工作室开业了,我去为她庆祝。见面后我与她开玩笑:"现在咱们也算事业有成了,要不要考虑考虑终身大事啊?"

她笑得张扬:"还差得远呢。我现在心里只有赚钱!"

我看着她充满自信与活力的模样,想起了前些年她还在为前男友要死要活，只觉得判若两人，恍若隔世。

萱萱和前男友在大学相识、相恋，一起走过了六年的时光。在大学的时候，身边的朋友们看着他们整日黏在一起，感叹他们的感情真好。毕业后的前两年，萱萱一直没有工作，只一心扑在男友的身上。

萱萱身边的很多人，包括我劝过她好多次。我们都认为，她的学历不差，所学的专业自己也很喜欢，没必要为了对方放弃事业。可是这些劝告对萱萱无济于事。

慢慢地，萱萱将精力都放在了经营他们的小家上，逐渐消失在了我们的朋友圈。

我与她的联系变得频繁还是在她闹分手的那段时间，原因是她的男友出轨了。那个男人一边享受着萱萱一心扑在他的身上，将他们的小家收拾得井井有条，一边又嫌弃萱萱没有工作，只能靠他养活。

"可是明明是他当初和我说，可以全身心依赖他的。"萱萱当时抱着我大哭了一场。那些年，萱萱在爱情和生活里都以对方为主，毫无保留地信任、依赖着他。她将对方放在第一位，以为对方也会如此。可是现实打破了萱萱心里的乌托邦，爱情如梦幻泡影般破灭了。

萱萱除了因为多年感情破裂而难过，还因为几乎与社会脱节而恐慌。她忧心忡忡地对我说："在跳出爱情的圈子后，我才发现我的生活是多么冷清。"

她决心让自己的生活与社会重新接轨。第一步，她选择了去国外进修曾经喜欢的服装设计专业。

在离开之前,她发了一个朋友圈,我至今还记得:

别人承诺的永远,只是幸福的幻想,而幻想有破灭的风险。
我们唯一能依赖而永远不害怕被背叛的人,只有自己。
从现在开始,我要爱自己了。

萱萱在国外进修了三年。那三年里,她几乎每天都会在朋友圈分享自己的生活。偶尔有对课业繁重的抱怨,更多时候是对琐碎生活的记录,每一条图文都充满了鲜活的生命力。

回国后,她就开了自己的服装设计工作室。现在,她正做着她热爱的事,在好好爱自己。

生活有时是很残忍的,它决不允许你沉浸在自己的幻想里,而是非要打破眼前的美好,露出腐败的内里。

哪怕眼前的美好是虚幻的,失去的痛苦也是真切的,但人就是在这种真切的痛苦中成长起来的。

失恋是一场悲剧电影,电影结束,痛苦和悲伤也应该跟着结束了。回归现实,我们仍然在充满阳光和希望的生活里,并从这场电影中受到启发和提示,在未来规避这场电影的结局。

一次失败的爱情经历并不代表你在爱情上的全盘失败,更不可能预见你未来的爱情命运。

分手不是你的终点,而是新生活的开始。

如果爱别人不顺利,那就好好爱自己。

03

公司里有一位领导,我们都叫他良哥。他为人谦逊,处事妥帖,与我们相处得很融洽,大家都很喜欢他。

有一次公司聚餐,他与我们提起,他之前并不是这样的性格:"之前别人都说我自负,不过吃过亏就改了。"

我打量了他一下,说:"完全看不出来。"

良哥告诉我们,他刚出学校的时候,与几个朋友合伙创业过。刚开始发展势头很不错,几个年轻人在一起也很有冲劲。"我谈下几个单之后,觉得自己可厉害了,结果一飘就栽了。"

良哥为公司带来了几波大的收益之后,再参与公司决策时,与其他人的想法产生了分歧。"我那时觉得自己很厉害,觉得自己说话应该最管用,开会的时候都不听别人的。"

良哥这种傲慢的态度,引起了合伙人的不满。后来,公司业绩出现下滑,为了快速让公司恢复,他不顾反对,执意要投资一个项目。

结果投资失利,公司倒闭,合伙人拿钱跑了。

合伙人这种可以被称为背叛的行径,良哥讲述起来却没有多大的怨怼。他对我们说:"一开始我也气,后来慢慢释怀了。毕竟没有那次的当头一棒,我不可能做到现在这样。"

他人的伤害会使我们痛苦,但是痛苦会让人更加清晰地认识到自身的弱点和局限,进而激发对成长的渴望。

不要因为过去的失败而否定曾经的自己。

成长是自我肯定的过程，若你笃定自己会拥有怎样的未来，那么未来最大的可能性就是你想要的模样。

失败引人反思，反思促使人进步。

被人伤害、遭遇失败和经历痛苦都是人生的历练，我们都是在不断挣扎前行中强大起来的。

没有你曾经经历的一切，就没有现在的你。不要否定曾经的自己，没有他就没有现在的你。

没有一朵花
从一开始就是花

01

夏夏是一名基层人民警察,她刚刚从学校毕业那会儿,对这个职业充满了热情和向往。

夏夏满怀抱负地进了警察这个行业,可是在她工作的第一年,向往和热情就被现实的冷水浇灭了大半。

守护是无声的,警察的工作不全是波澜壮阔的英雄事迹,更多的是忙碌而琐碎的日常。

有次遇见,夏夏对我说,他们每天的接警量很大,内容很杂。基层警情大都是人与人之间的纠纷,她每天会遇到形形色色的人,遇到讲道理的人还好,遇到怎么也说不通的人,那可就要命了。

她和我讲了一次令她印象深刻的出警经历。

当时已经是晚上九点多了,报警的人是一个出租屋里的女生。起因是一个七十多岁的老人嫌白天这间出租屋里的人动静太大,吵到他了,就边骂边大力地敲出租屋的门。

报警的女生告诉夏夏,这间出租屋里都是合租的女生,她们大多数人白天上班,下午只有一个人在家睡觉,不可能出现什么吵闹的动静。

但是这样的解释老人根本不听,仍然坚持要进屋里,还对几个女孩子进行了一通教育,迟迟不肯离开。她们害怕起争执会让老人的身体出现什么问题,因此不敢反驳,又因为没有遇见过这样的情况而感到害怕,所以就报了警。

夏夏也是第一次遇到这样的情况,她与老人完全说不通。联系老人的儿子和女儿后,他们都声称管不了他。

夏夏也没什么别的办法,只能尽量调解,安抚双方的情绪。但同样的事情发生了很多次,她也去了那里很多趟,每次接到报警电话后,都只能又一次重复相同的做法。

这样枯燥而收效甚微的邻里调解是夏夏的日常工作之一。现实的工作内容与想象的巨大落差让她变得沮丧,也让她一度对自己的工作意义产生了迷茫:"我的工作究竟能给别人带来什么?"

夏夏所在的辖区组织过一次"警民连心"活动,夏夏需要准备一堂有关"执法为人民"的课程。在备课过程中,她发现了自己业务知识的匮乏和对职业理解的浅显。

带夏夏的是一个有着三十年从警经历的老民警,他对夏夏说:"热血的英雄事迹离柴米油盐很远。但正是你认为的枯燥而琐碎的小事,才是人民生活中不可或缺的重要大事。"

老民警告诉夏夏，像出租屋女孩与老人之间矛盾的那类事件，即使调解收效甚微，也是有意义的。

他说："出现这样的事情时，警察就是她们的依靠，所以她们才会一次又一次在无助的时候找你。"

夏夏说，老民警的话让她感到自己的身上被赋予了某种沉甸甸的责任，是她早该意识到的这个职业该有的责任。

职业价值不是简单地由工作内容定义的。与大奸大恶的罪犯斗智斗勇的警察无疑应被赞为英雄，在平凡的日常生活里为民奔走的警察亦有非凡的底色。

没有一朵花从一开始就是花。

花的生长从种子开始，人的成长亦是逐渐成熟的过程。

自我怀疑和深陷迷茫，是成长里的风雨，而阳光总在风雨之后。历经风雨的你，在未来的人生路上必会熠熠生辉。

02

上次假期回老家，我见到了蓉蓉姐。上一次见她已经是很多年前了，这次见到她，要不是妈妈提醒我，我根本认不出。

我印象里的蓉蓉姐，温和话少，总是沉浸在自己的世界里，在一帮大大小小的孩子里毫不起眼。

可这次见到她，她的身边围了很多人，她也不见拘谨和尴尬，落落大方，侃侃而谈，是十分自信且耀眼的模样。

蓉蓉姐现在在浙江，开了一间画室。她从小就喜欢画画，这件事家乡的人基本上都知道。但是她家里的经济条件不好，父母并没有给她学画提供太大支持。

她在高中毕业后不顾父母反对，坚持要跟着当地的文化站长学习画画。她是从临摹速写和学画国画开始的，学习的过程中她也卖画，以补贴日用。依靠卖画得来的微薄收入，蓉蓉姐的学画生涯持续了五六年。

靠着卖画积攒的一点资金，她离开家，去外地打拼。

刚开始，她还是只能靠卖画来维持生计。有了一点资金积累后，她决定开一间画室教人画画。

她说："开画室容易，维持和发展画室难。"

她没有管理经验，缺少完善的制度，难以留住学员。工作中她也意识到，自己没有受过系统而专业的绘画培训，自己作画没有问题，但教授学生，知识就显得匮乏了。

因此，她常常到图书馆、辅导班和画廊这些地方去参观学习。在此期间，蓉蓉姐认识了阿江。阿江当时是一个辅导班的绘画老师，后来他从辅导班辞职，来到了蓉蓉姐的画室。

阿江既做画室老师也做蓉蓉姐的老师，教蓉蓉姐一些系统的绘画知识和管理经验，画室的情况逐渐稳定下来。可是后来大环境变得低迷，他们的经济情况也变得拮据。

为了节省开支，蓉蓉姐租了一个不到十平方米的地下室居住。她用这段时间寻找各种资源学习，还特意学习了平面设计。

行业形势好转之后，她在画室开设了平面设计课程，在家长和孩子中收获了不错的口碑，使画室的营业额有了新的突破。

现在，蓉蓉姐的画室已经拥有了长期稳定生源。

强大的人不是生来就强大的，优秀的人也不是生来就优秀的。

实现梦想的人，哪个不是一路披荆斩棘前行？

磨炼是我们在成长中必然要经历的。不惧生活设置的阻碍，坚定自己想要的未来，才能成为闪闪发光的自己。

不遇挫折，永远也不知道自己究竟有多大的能量。

03

朋友黎黎是资深小说爱好者。她自小就与我说过："未来我也要写小说。"

黎黎十八岁的时候，开始了她的第一部小说创作。她自诩阅文无数，写小说对她来说不是一件难事，可是结果却不如人意。

市面上的同质小说太多了，她的作品没有激起一点水花。阅读的寥寥几人还指出了她的小说内容俗套和文笔幼稚等问题。这对黎黎造成了打击，她之后有好多年都没有再进行过小说创作。

刚开始我还以为她一蹶不振，从此不再有这个想法了，后来才发现，她注册了一个微信公众号，每天都坚持在上面更新一些随笔。公众号记录着她的日常见闻，她把它称作"文艺朋友圈"。她说这不仅能够锻炼自己的文笔，还能加深自己对日常琐事的印象，从而丰富未来作品的细节。

有一次，我和黎黎一起窝在她的家里追一部剧，剧情偏悬疑。女主提到了一味药的功能，我刚在心里感叹剧情设定的新颖，就看到黎黎飞快地从沙发上起来，拿出电脑开始打字。

我被她突如其来的动作弄得一愣，问她："你怎么突然开始工作了？"

她头也不抬地回复我："啊？我没工作。这部剧里的设定不错，给了我很好的灵感，我要把它记下来，免得之后忘了。"

我震惊于她的执行力和她对写小说这件事的执着。在我略显呆滞的等待中，她完成了这次灵感的记录。

后来我总能发现黎黎在某些时候，突然就拿着手机或电脑开始记录。我曾经看过其中的内容，有些是剧情构思，有些是人物构思，有些是场景构思。

有时内容是零散的，只是灵感的记录；有时内容凑在一起，就成为一篇短故事。黎黎会将写的小故事分享到自己的"文艺朋友圈"里，虽然仍没什么人看，但她却乐此不疲。

黎黎就这样坚持了六七年。让她再次开始写小说的契机，是她在网络上发表了一篇对影视剧进行二次创作的衍生作品。

衍生作品发出后，得到了很好的反馈，很多人称赞黎黎的文笔。这让黎黎决定重新开始创作小说。

刚开始，黎黎的小说看的人仍然不多，但是慢慢有了每天追更的人。即便人少，对于黎黎来说，也是一种莫大的鼓励。

黎黎从来不无故断更，对于读者的建议也一向虚心听取，所以她的小说口碑很不错。现在黎黎已经拥有了自己的读者圈，每次新小说发布也能够上首页推荐了。

黎黎的热爱，和为了热爱而做过的所有努力，最终得到了令她满意的回报。

坚持和努力逐渐汇聚成了璀璨的星河，照亮了前行的路。

生命是成长的过程，而成长不可能一蹴而就，积累和打磨是不可缺少的环节。

不要急于求成，播种与收获肯定不在同一个季节。

我们需要时光的培育和持久的耐心，让花开出花，让树结出果，给自己留出静待收获的时间。

第二章

**生活奇奇怪怪，
你要可可爱爱**

人生哪有岁月静好，自己的快乐得自己找

01

躺在床上刷朋友圈，刷到婧婧发的："无聊得要长毛了。"配图是一张被绷带缠裹得严严实实的腿。

原来，她骑电动车把腿摔骨折了，在家养伤。

我忙私信问她什么情况，了解到并不很严重后，调侃道："不用上班了，也挺幸福吧？"

她说："刚开始几天是挺开心的，躺了一周就受不了了。"

也是，活动的最大范围就是从床到厕所，吃饭都是妈妈端过来，手机刷到看不下去，整个人感觉要发疯。

我安慰了她几句，计划过几天去看看她。

周末，我敲响了她家的门。在门口等了七八分钟，门才被打开。婧婧挂着一根拐杖站在我面前，我扶着她回到了卧室。

"你怎么样了，还疼吗？"

"还好吧，不用力就不太疼了。就是现在不能出去见客户，不能挣钱了。"

我拍了她一下，说："还挣钱呢，先养好伤再说吧。"

走进卧室，我被眼前的景象惊到了。我问她："你这是闲得把自己的衣服都拆了吗？"她气得差点跳起来："我这是在学习！那衣服我已经不穿了，我就是想看看它们是怎么织的。"

只见她的床被几件看不出来原本模样的毛衣和各种毛线占满了，好像连人坐上去都是多余的。

原来，婧婧在学习编织。"以前上班都没时间干这些事儿，现在做起来感觉还挺有意思。"她有点得意地对我说，"等我学会了，给你们每人织一件毛衣。"

我笑着拍拍她："这个大饼我先吃下了。屋子我现在给你收拾收拾吧，要不然你可能会被绊着，再摔一跤了。"

在我收拾房间的时候，她拿起了编织工具，打开教学视频，学习起来，以示她的认真和决心。

大概过了两个星期，她还真的送了我一件她的作品，不是毛衣，是一副毛线手套，戴在手上有点大。她有点不好意思地说："初学初学，虽然大了点，但好歹是成功了啊。"

我打趣道："你已经很厉害了。这上面的兔子还挺可爱，虽然一眼就能看出来是买现成的缝上去的。"

她也笑着看着我："等我练熟了，再给你织一对。"

我们的生活中总会有意外发生，伴随着意外而来还有被打乱的生活节奏。

刚刚从忙碌的工作状态中脱离出来的时候，我们通常会感到慢下来的生活很惬意，追追剧、看看书、听听音乐，还不用早起赶地铁公交，简直是绝佳的放松机会。

但是这样闲适而享受的状态，在持续几天后就会减弱甚至消失，随之而来的则是无尽的无聊和空虚。

若是生活节奏被打乱，而自己短时间内又对改变现状无能为力，就不要再为此烦恼和焦虑了。趁此机会，何不主动去寻找一些可以给自己带来快乐的事做呢？

你可以尝试着去做一些工作时想做但是没时间做的事，也可以寻找一件全新的、完全没有了解过的事，去尝试一下。

也许你并不能在一开始就确定自己找到的就是自己想要的，先做起来，在做的过程中再去判断调整。

生活中发生了意外，就像是人生主干道突然被堵而不得不从旁边的小岔路绕道而行。

若是走这条小路是无法避免的，那么我们要做的就是在这条小路上发现自己喜欢的风景。

将它当作满足好奇心和丰富生活的机会，也许能从中发现让你难忘的惊喜。

不开心的事来了，再无奈也得接住。

开心的事却是我们可以主动找寻到的。

不好的事情发生后,就用能让自己开心的事情来治愈自己。

生活越是难过,我们越要快乐。

02

以前的同事阿秋是个土生土长的北京妞,休年假总喜欢到处逛。她前几年开了个抖音账号,积累了不少粉丝。我没事就会去刷刷她的抖音号,在她的旅途里暂时迷失一下自我。

国庆节前,我刷到她背着背包,手里举着一张地图,说要坐公交车回北京。

我以为她疯了,马上给她发过去消息,问:"你确定是坐公交?从上海到北京?"

她秒回我:"是啊,明天早上就出发。"

我叹道:"你这又是哪里来的奇思妙想啊?"

她发来一个得意的表情:"抖音上看到的啊。"

"这么远,你可拉倒吧,赶紧买张高铁票回来,我请你吃火锅。"我内心其实一点也不信她的话。

"火锅肯定要吃,你得多等我几天。"

这一等,就过去了十天,阿秋果真是坐公交车回的北京。

她没有休息就风尘仆仆赶到约好的火锅店。我早早等在那里,迫切地想知道她这一路是怎么过来的。

我对着她仔细端详了几秒,说:"黑了,也瘦了,看来你这一路上可真够辛苦的。"

阿秋一边往咕嘟咕嘟冒泡的麻辣锅底里放羊肉,一边说:"那可不?我第一天到苏州的时候,时间太晚了,去下一站的末班车已经开走了,我又徒步了一个小时换了另一辆夜班车。我当时累得呀,恨不得马上买票回来。"

我笑着问:"那你为什么没有买票回来啊?"

她认真地回答:"我这不是想着别刚开始就放弃嘛。"

"你比计划的晚回来了两天就是这个原因?"

"也不全是。我第二天不是经过扬州嘛,那儿的早点挺有名的,所以我特意多留了一个晚上。第二天早上去尝尝,还真的挺好吃的。"

我瞪了她一眼:"好吧,看来其他地方你也没少'尝尝'。"

她说起这个显得十分开心:"当然了,我这一路上每一顿都没有白吃,各个地方的美食至少都尝了一次。这是我能坚持下来的动力!"

她一说起这一路上的事情就滔滔不绝,除了刚开始说了"错过末班车"那点不愉快,后面几乎都在讲述让她新奇又兴奋的经历。她说:"每个地方的方言都不一样,氛围也完全不一样,一路走过来真的觉得很酷!"

总有人抱怨生活单调乏味,可实际上,生活中有太多太多对于我们来说足够新鲜的事物,只不过其中的大部分都被我们忽视了,或者匆匆掠过之后,我们就再没有关注过。

比如网络上出现的"坐公交车去旅游",对于很多人来说都算得上新鲜事了吧,可相信99%的人在第一次看到后,只会将它当作娱乐消遣。

第二次再看到，会觉得这件事不再新鲜了，它成了生活中诸多乏味因素之一。可明明对于未尝试过的人来说，它就是一件新事物啊。

只有尝试了，才能确切地体会到其中的滋味，才有评判这件事是无聊还是有趣的资格。

大胆地去尝试新事物，才有发现更多可能和惊喜的机会。

让人感到疲乏的，不是生活的枯燥，而是心的郁结和热情的冷却。我们对生活的热情和动力不应消磨在平庸的日常里。

让心永远保持对新鲜事物的探索，在平凡的日常里发现绚烂的烟火。

03

你怎样看待生活，你就成为怎样的人。

你觉得生活无聊，那么你也会成为一个无聊的人；你觉得生活有趣，那么你就会成为一个有趣的人。

洋洋是公司新来的一个姑娘，我很快就喜欢上了她。

前些天在公司加班，下班的时候天色已经很晚了。我本来就因为加班心中有些郁闷，还赶上了下大雪，路不好走，车也打不到。

在我等车等得更郁闷的时候，面前突然伸出了一只戴着厚厚手套的手，还拿着一只手机。我转过头，看见了一脸苦恼的洋洋。

"你看我的手机是不是坏了呀？"

我信以为真，连忙问她怎么了。她和我说："你看这屏幕抖得……"说着还在我面前快速地抖了抖胳膊。

我一下子被她逗笑了,推了她一下:"你这哪是手机屏幕抖啊,明明是你冻得发抖吧。"

她笑着偎过来说:"我们好像两粒孤单的蚕豆啊。"我低头看了一眼身上裹得厚厚的衣服,也不禁笑了起来,郁闷一扫而空。

前两天洋洋来我家找我,要给我看一个从没看过的东西,言语间颇为神秘。我询问她怎么了,她拿出手机给我看了一眼,一边按亮屏幕一边说:"我的手机屏幕上有只猫。"只见洋洋的手机屏幕右下角确实有一个黑色图案,看轮廓很像只猫。

我觉得疑惑:"你确定不是手机摔坏了吗?"见我满脸不信,洋洋信誓旦旦地说:"真不是摔的,这是我特意弄的图案。"

我被她肯定的模样弄得怀疑自己:"真的是你自己弄的?""真的是我自己弄的。好看吧?"

这样的对话来回重复了几遍之后,我终于还是相信了她的话,也夸道:"还挺好看的。"

我话音刚落,洋洋反而哈哈大笑起来:"骗你的,就是摔坏了,哈哈哈……"

我当场石化,被自己的愚蠢气到,没好气地说:"手机摔成这样,你还这么高兴!"

洋洋说:"摔是摔了,但是它摔出来了一只猫哎,多好玩啊。"说着又按亮手机屏幕欣赏了一下。

我在无语又无奈之后,不禁被她的情绪感染,跟着哈哈大笑起来。

洋洋看待事情好像总是站在令人想不到的视角,无论发生多么糟糕的事,她都能找到让自己开心的角度。

发生在她身上的一切事,似乎都变得有趣可爱起来。身边人也被她的快乐感染,忍不住被她吸引,与她成为朋友。

我们总会在生活中遇到很多突发事件,由于视角不一,不同的人看待相同的事会有不同的看法。

我曾看到过一个综艺节目,节目中有人不小心将摇晃后的可乐瓶子碰倒了,她手忙脚乱地去堵瓶口,但无论怎么堵都无法阻止可乐四溅。正在她手足无措时,耳边传来了一个声音:"节日快乐!"

据说拍摄当天是儿童节。碰倒瓶子的女生后来对朋友说:"我的耳边当时只剩下了那句'节日快乐'。"

乐观的人,总能在事情发生时从积极的角度看待;有趣的人,也总能在生活中找到有意思的视角,让快乐变成一种习惯。

人生是由普通而平凡的片段拼凑而成,大多数时间都是平庸枯燥的,缺少惊心动魄的桥段。要想让生活趣味盎然,往往需要我们自己去捕捉快乐。

做一个有趣的人,过有趣的生活。

生活奇奇怪怪，
你要可可爱爱

~~~~

01

网上有人发帖问："女生打扮得那么好看，是给谁看的？"

有一个高赞回答是这样的："打扮自己是一种生活态度和生活方式。女生打扮得漂漂亮亮，整个人的精神状态、气质都变得不一样了，这是女生积极向上、乐观自信的生活态度的展示。总而言之，女生打扮是为了自己。"

我们公司的栗子和我们相比，就好像开了美颜功能的照片与原相机拍摄出来的照片。她的身上永远不缺色彩丰富、造型可爱的配饰，衣服的颜色也都是橘色、粉色这样靓丽而温暖的颜色。

她的工位与她本人的风格很像，也散发着精致又温馨的气息——桌面上铺着粉白相间的格子布，粉色洞洞板竖放在左侧，上面安装着小人偶和小摆件；台式电脑的支架上放着积木花和香薰，电脑屏幕下方是马卡龙键盘，上方还放了个屏幕护眼挂灯；连她用的笔记本，也被布丁狗和美乐蒂的图案装饰着。

有一段时间，我们都在公司忙得团团转。我每次照镜子都能在自己的脸上看见疲惫和憔悴，环视一圈看看别人，"嗯，大家看着都差不多"。

可当我把目光转向栗子，那种突然自动打开手机美颜功能的感觉又来了。

还没等我说什么，另一位同事就先开口问出了我的疑惑："栗子，你是怎么做到每天都这么精神的？不说别的，就化妆这个事儿，你要早起多久啊？我真的早一秒钟都起不来。"

同事还像模像样地把手举到了栗子面前："采访一下，栗子小姐，请问你每天都能早起化妆还永远保持美丽的动力是什么？公司有你的男朋友？"

栗子被她弄得哭笑不得："没有男朋友。当然是为了我自己照镜子的时候心情好啊。"说着她就拿起镜子照了照，然后又道，"拿起镜子看见可爱的我，放下镜子看见我可爱的工位，快乐无缝衔接！"

同事无语，我则忍俊不禁。

栗子的化妆打扮和对自己工位的布置，都是为了满足自己。她显然是一个很热爱生活，也很会生活的人。她对生活的热爱和对自我的满足，让原本沉闷的工作环境变活泼了不少。她将自己的生活过成了色彩斑斓的画，充满了可爱与惊喜。

真正决定生活是何种颜色的,不是生活环境,而是你自己对生活的态度。懂得热爱生活,并且不吝啬于满足自己的人,更容易拥抱幸福。

觉得生活可爱,自己也会成为一个可爱的人。

生活这颗糖,心生喜欢才能品出甜味。
热爱生活的人总能够在某些瞬间,发现生活的温柔和浪漫。
热爱生活的你,永远可爱。

02

"我这不是胖,是可爱到膨胀。"
"是啊,你都快膨胀成气球了。"

莹莹气愤地和我说着她与她姐姐的对话,嘴里还喊着:"啊啊啊啊,我姐真讨厌。"

我看着她手里的汉堡说:"那你这次受到刺激了吗?"

她狠狠咬了一口汉堡说:"受到了。我决定今天回去不主动和她说话了。"

"就这?"

"嗯!"

其实在我看来,莹莹的身材没有她姐姐说的那么夸张,若是让我用四个字来形容她,那就是"珠圆玉润"。而且她很爱笑,光是看着她就能让人心情好起来。

莹莹对我说:"我最怕回家看见一帮亲戚了。"

我问她:"怕什么?"

她说:"她们每次都让我减肥,说否则会影响我找对象结婚。虽然我觉得她们有点危言耸听,未必是对的,但她们毕竟是关心我,我除了应和着,又不能说什么。"

我说:"那你觉得哪里不对?"

莹莹说:"总会有人爱我呀。如果这个人因为我的身材外貌而不爱我,那他也会有其他不爱我的理由。干吗过于在意这件事呢?"

有一些事,光是提起都会让很多人加重焦虑感,莹莹却从来没有因为这些焦虑过,而她的放松和乐观也让身边的人同样感到轻松。

我与莹莹曾经一起经历工作空窗期,在我对未来十分迷茫和焦虑时,莹莹的话安慰了我:"没关系,反正我们将来都会有一份工作,都能活得下去啊。闲下来就当提前奖励自己休假吧。至于别人是否比自己活得好,无关紧要,自己过得舒服就好啦。大部分焦虑都是与别人比较才产生的。"

其实已经很少有人能够在我难过时真正安慰到我了,因为有一些道理我知道,只是事情来临时,道理再多,也觉得虚浮和不切实际。

可莹莹似乎总能安慰到我,因为她乐观而真诚,发自内心的想法总是更容易让人产生共鸣。

快乐是会传染的。我承认,她感染了我。

乐观和爱是生活的解药。

把事情想得乐观一点，生活都变得明朗而快乐了。

可爱一点，万物明朗，快乐多多。

因为，你的可爱，可以治愈一切不可爱。

03

"玥玥！"

假期我去玥玥的老家找她，在车站见到她，我大声地喊她的名字，然后我们俩就向对方跑了过去。

玥玥是我第一次实习时的伙伴。当时同一批进入公司实习的有六个人，我们住在一个宿舍里，成了很好的朋友。

她们之中有几个人最终还是回了老家发展，没有留在北京，玥玥也是。这几年里我们一直保持着线上联系，但是见面的次数很少。

这次能见玥玥，我很开心，所以在见面时忍不住兴奋地喊她。

"我好想你啊！"

"我也很想你！"

我们俩在车站拥抱在一起，诉说着对对方的思念和见面的欢喜。

到玥玥家之后，我看着她房间的布置和满床的毛绒玩具，笑道："和你以前在宿舍的时候一样，床都成了动物园了。"

玥玥笑着回我："当然了，我喜欢呀。"

玥玥的书桌上摆了几本书，有些看得出翻动过的痕迹，有些则一眼就知道还是新的，主人没有怎么看过它们。

我打开其中一本,是东野圭吾的《时生》,里面掉出来一张塑封好的枫叶书签。

我拿着那张书签说:"你现在竟然把它做成塑封的了,不直接放进去了?"

她和我说:"直接放进去太容易坏了,这样能保存得久一点啊。"

记得我们还住在一起的时候,有一次,我们在路上一边散步一边聊天。说着说着,我的身边突然没了声音,转头看去,玥玥并没有跟上来。

她正蹲在一棵树下。我问她怎么了,她说:"你看这个,好看吗?我想把它拿回去。"她说着拿起一片完整的、颜色刚好的枫叶。

我走过去看了看,说:"好看。但是拿回去干什么用?"

她想了想说:"不知道,就是好看。先拿回去吧。"

后来她再次将那片枫叶拿给我看的时候,柔软潮湿的树叶已经变得干燥,成了薄薄的一枚书签。

只是当时那枚书签,远没有现在我手中的这枚拥有的岁月长久。

玥玥总是四处搜寻那些随处可见,却又让她心生喜欢的东西,带回去好好保存。她还会买一些小巧可爱的装饰摆件。用她自己的话来说,这些东西可以统称为"美丽的废物"。她说:"它们虽然没什么用,但是实在可爱。"

玥玥甚至还有一个盒子,专门用来装载她发现和收集的这些可爱、美好的物品。

或许我们都曾经有过收集"美丽的废物"的时刻,只是随着年龄逐渐增长,我们渐渐有意识地避免自己再做出这种"幼稚"的行为。

我们总觉得成长为大人后,应该培养起身为大人的喜好;天真是小孩子才能拥有的奢侈品。

但其实没有什么规定,是让人的年龄与童心背道而驰的。

我们控制不了岁月流逝,但是我们可以在岁月流逝中,永远保有赤子之心。

只要捡起树叶做成书签和把毛绒玩具铺满床之类的行为,仍然让你像曾经一样感到开心和满足,你就可以一直做下去。

我们都是从天真的时刻成长起来的,不必强迫自己丢弃幼时的爱好。

直到现在,我仍然很喜欢看动画片《喜羊羊与灰太狼》。每次在弹幕中刷到"高中了还在看,正常吗?""二十四岁了还在看,正常吗?"这种问题,我都有点无奈,心想:"看就看,干吗提年龄呢?"

然后自己发一句:"正常,我三十岁了还在看。"

其实哪有什么正常不正常,全看自己喜欢不喜欢。

我们拥有两个世界,一个面对别人,一个面对自己。

现实世界让我们必须像个大人的样子,做个成熟又稳重的人。

内心世界允许我们永远保有简单和纯粹,只取悦自己。

在只面对自己的这个世界里,你可以一直做一个天真烂漫、善良而赤诚的孩子。

04

我与棠棠相识在大学时代,她是我那时少有的主动去认识的朋友之一。当时我们同班却并不熟悉,我先注意到的是她的长相,她的个子很小,蘑菇头短发,一眼看上去,根本不像大学生。

她的声音听起来很像是特意发出的夹子音,但那就是她真实的声音。

一次小组作业,我们俩被分到了一起。组内的一个人对她开了什么玩笑,具体内容已经记不清了,只记得我当时的想法是:"这该把人惹生气了吧。"

没想到,棠棠完全没有生气,仍然笑得很开心,乐呵呵地面对众人。后来我们相熟之后,我还与棠棠提起过这件事。我说:"我当时就觉得你的脾气也太好了吧。"

在我们的那次合作中,几乎组内的每一个人都找过棠棠帮忙,连其他组的人也来请她帮忙。我和棠棠说:"我还以为你会拒绝或者会烦呢。"

棠棠说:"不烦啊,我在帮他们的同时,也锻炼自己了呀。"

有一次,亚楠、棠棠和我三个人一起去教学楼。棠棠背了一个藕粉色、方方正正的书包。

亚楠突然抱住了她,说:"啊啊啊,你真的好像一个小学生啊,小小一只,可可爱爱的。"

棠棠也顺势抱住亚楠，摇了摇，还叫了她一声："姐姐好。"

棠棠与家里人打电话时，叫着"妈妈~姐姐~"，话音都是带着波浪号的，极爱撒娇。与我们熟悉之后，也是如此。

有一次，小梅故意也带着波浪号叫亚楠，亚楠立刻制止了她，还说："停，你又不是棠棠。"这句话小梅在后来反复提起。

人总是会下意识地靠近美好的事物。温柔、好脾气、可爱的人，就是美好本身。她的周身散发着温暖却不炽烈的光，让人没办法不喜欢。

棠棠在很好地包容着生活，包容着他人，也包容着自己；她也在很好地爱着生活，爱着身边的人，也爱着自己。

"有时我真觉得你就跟个小孩似的。"这是亚楠对棠棠的评价，因为她的天真、单纯和偶尔冒出的一点与众不同的傻气。

像个小孩子一样生活，没什么不好。

少为世事所烦，不为俗务所扰，通透又自由地活着。

上了生活的贼船，
就做个快乐的海盗

~~~~

01

五年前，刷豆瓣时无意间看到有人推荐电影《加勒比海盗》。当时刚好不知道要做点什么好，就打开了这部电影。

我看的第一部是《加勒比海盗5：死无对证》，因为太喜欢里面的杰克船长了，就把前面四部也找出来刷了一遍。

你看过《加勒比海盗》吗？如果你没看过，那我强烈推荐给你。

只要有时间，我就会重刷这个电影系列。我佩服杰克随机应变的能力和临危不惧的淡定，他甚至在面临危机时还有心情搞笑。

杰克的形象一直是固定的：头戴船长帽，脸上画着烟熏妆，一头凌乱的发饰，头发和胡子被编成了小辫子，嘴里还有一颗小金牙，微微一笑就能露出来，身上永远揣着一把枪、一个罗盘和一瓶酒。

在第二部影片的结尾，海盗们大战章鱼怪，杰克被伊丽莎白绑在了船上，伊丽莎白带着其他人离开了。

杰克费力地打开手铐，重获自由，转头就与章鱼怪来了个面对面的对视。章鱼怪向杰克大吐了一口口水，白色黏液糊了他满身。

杰克淡定地转身捡起被吹落的帽子，说道："不算太糟糕。"随即转头再一次面对章鱼怪："你好，小怪兽。"

第三部电影开头，杰克认真地准备吃盘子里的一粒花生米，正要开始享用的时候，随着一声枪响，他倒下了。

镜头一转，是另一个杰克杀死了这个杰克。接着第二个杰克冲着远方说："拉紧绳索，松开转帆索。"

再一看，远方的人正是第三个杰克。他说："是，船长。"

接着第三个杰克也冲着远方喊道："松开转帆索。"然后同时出现了很多个神态各不相同的杰克，他们或躺或跳，占满了整个船，船上显得热闹至极。

事实上，这些都只是杰克的想象而已，其实船上只有杰克一个人。但尽管如此，他仍然玩得很开心。

无论在何种场景下，杰克出场都仿佛自带欢快滑稽的背景音乐。他的插科打诨和看似疯癫的胡言乱语带着荒诞的幽默，总能让我笑出声来。

但细细回想之后，我又觉得，杰克的处境实在不像能够拥有那么多快乐，像男二号威尔一样时常黯然神伤似乎更符合他们的处境。我意识到："原来快乐的只是杰克这个人啊。"

看似没心没肺的外表下，是杰克的深谋远虑和掌控全局。与章鱼怪大战时，一开始杰克不在，海盗们力有不逮，难以招架。而杰克一到，就快速化解了那场危机。

随着电影情节的展开，我似乎也经历了一场奇幻的冒险旅程，但并不觉得可怕或沉重。我想这大抵要归功于我跟随的是一个快乐的海盗船长。

生活也好像是一条船，带着我们航行在名为人生的海洋上。

我们站在生活这条船的甲板上，眺望广阔而未知的大海。在航行途中，大海时而平静，时而汹涌。想要从这条船上退出已经没有可能，我们注定要经受海浪的颠簸和风雨的洗礼。

既然如此，不如做一个快乐的海盗。改变不了要面对的环境，那就改变自己的心境。

像电影中的杰克船长那样，即便孤身一人被困在死亡之境，也要幻想出无数个自己自娱自乐，做个永远快乐的海盗。

02

在一次去青岛旅行的途中，我认识了小冉。我们俩是邻座，很快便聊了起来。

聊天过程中，我知道了小冉也从事文字工作，而且我们的旅行目的地相同。因为聊得合拍，到青岛后的三天我们俩是一起度过的。

小冉是博士毕业。令我感到惊讶的是，她本科、硕士和博士所学的专业都不相同。

她本科学的化学；考研的时候对金融感兴趣了，研究生就上了与金融相关的专业;考博的时候又喜欢上了文学,专业再一次发生了改变。

她说:"我都是当下对什么感兴趣就去学了,学几年有了更感兴趣的又换,所以专业的差别比较大。"我一方面佩服她的学习能力,一方面羡慕她的随性自由。

她倒是不觉得这是什么值得夸耀的事。她说:"当时家里有很多人劝我,让我别这么做。他们说我这样是没有定性,而且会影响就业。"

小冉在上学阶段对此不以为意,但是当她真正进入社会找工作时,确实因为专业差距较大,互相之间又没有什么关联,而影响了工作选择。

我问:"那你喜欢现在的这份工作吗?"

她想了想说:"算不上多喜欢,但是我会一直做好它的。"

我问她:"为什么?不换换吗?"

"不换了。"小冉笑着说,"都已经干几年了,也算得心应手了,而且虽然我对工作没太多喜欢,但是我对现在的生活挺喜欢的呀。"

小冉喜欢拍视频和摄影,工作之余,她的日常生活就被这两样占据了。上下班路上的景物和上班偶尔空闲的时刻,都被她用照片或视频记录下来。因为喜欢,她还专门去学习了相关课程。

小冉有自媒体账号,里面记录的都是她的日常生活。她的工作和休息都很规律,这让她有足够的时间去发现和发展工作之外的兴趣爱好。

她很兴奋地和我分享她发过的视频，视频内容大多源于她的工作。她说："我每次发视频，就跟复盘了一遍发生过的事情似的，有不高兴的事就吐槽两句，然后就开心了。"

是啊，生活很难时时都是如意的状态。想要什么就有什么、每个选择都与未来的意愿无比契合，大都是不切实际的幻想。

我小时候曾想过："我以后要把自己的兴趣变成自己的工作，那样我每天得多开心啊。"之后很长很长的一段时间里，我都有这样的期待，并且认为自己可以做到。

可是当真正到了考虑工作的年龄阶段，我发现要做到还是挺难的。我对心理学很感兴趣，曾在选择专业的时候考虑过，但是我还没有正式与家人商量，只是提了一句"心理学怎么样"就得到了姐姐的一盆冷水："不怎么样，学它，以后能做什么啊？"我一时被问得沉默了，没敢再提起。

直到现在我也对心理学十分感兴趣，常常看一些心理自助书，但可惜的是，我从事的行业与心理学并没有太大关系。虽然我的专业和我从事的行业与我最初的兴趣并不相同，但是我依然会认真做好我的工作。

我十分赞同小冉的说法——"算不上多喜欢，但是我会做好它。"然后在此基础之上，去做自己喜欢的事情。

有人说："普通人就是认真地做好一份不那么讨厌的工作。"我觉得说得很对。我们需要清醒地认识到，我们大多数人都是普通人。

对于"不那么讨厌"的事情，以缺乏兴趣和抱怨的视角去看待，自然是越看越不喜欢，但是仍然要做，这就很痛苦；但如果以积极探索的视角去看待它，总会发现它能够带来的助益，发现新的快乐。

其实，逐渐熟悉一种事物的过程，本身就让人欣喜。所以即便不是你最喜欢的，也同样可以给你带来快乐。

有时选择的路就是与自己的意愿不完全相符，与其不断挣扎而不得其法，还不如欣然接受，坦然面对。

让自己的心态平静下来，去做自己喜欢的事情，让其中产生的快乐情绪弥补现状不如预期的遗憾。

若生活是一块画布，你的快乐就是为生活上色。每多一点快乐的心情，生活的色彩便会多一分绚丽。

生活中有太多无奈与无常，就像是喜欢甜而不喜欢苦涩咖啡的人，工作太过疲倦而不得不喝一杯咖啡。既然必须喝，何不给它加点糖，快乐地喝下去呢？

既然上了生活这条贼船，前方的风浪无法预见，既来之，则安之，做个快乐的海盗吧。

03

我以前租房时遇见过一对夫妻，两人都是四十多岁，丈夫阿磊是外卖员。那段时间我印象最深刻的就是，每到晚上十二点就会从厨房传来做饭的声音，因为阿磊送完外卖回来了。

正是由于这一点，我在这里住了不久就搬走了。不过，若不考虑深夜扰民这一点,我还挺喜欢他们的。

阿磊看起来是一个很乐观的人,他和妻子小亚交流时,总是带着一张很温和的笑脸。偶尔能听见他们说笑的声音,夫妻感情很好。

小亚也是一个很和善的人,对于丈夫半夜回来这件事,多次向我表示歉意。我偶尔与她有一些交流,才知道一年前阿磊的工作还是坐办公室,因为压力太大,他的身体逐渐出现了很多毛病,不得已辞职了。

休息了一段时间后再找工作,却一直没找到合适的。迫于生活压力,阿磊无奈只能开始送外卖。

本来在他们的计划之中,送外卖只是家庭生计的应急之策,一旦找到其他工作,就不干外卖了。

但阿磊在做了一段时间的外卖员后,却并不急着找其他工作了,这一点让小亚既意外又无奈。

小亚说:"他之前的工作太累了,现在他还挺喜欢骑着车到处跑的。"阿磊则这样说:"这样能用第一视角了解城市,而且还充满了自由奔跑的快感,又新奇又让人快乐。"

有一次聊天,小亚说:"他现在每天都向我炫耀今天送了多少单,发生了啥事,说这样特别有成就感。"

我笑着回应她:"这样也挺好,他每天都挺开心的。"

小亚也笑:"是啊,所以再找工作的事儿倒也不着急了。"

阿磊还将他送外卖的过程打了一个形象的比喻:"送外卖就像打游戏,骑车跑动是在积攒打开新地图的经验值;每接到一个新的外卖订单,就拿到了一把打开新地图的钥匙;成功送完一单外卖,新地图也就打卡成功了。"这也是他成就感的来源之一。

生活很难一直顺遂,挫折与变故在所难免。之后的路该怎么走,以怎样的心态走下去,唯有自己能够决定。

生活不会让你事事如意,也不会让你事事不如意。它好像一个喜怒无常的人,你不知道什么时候就会惹到它,然后它就会给你开一个命运的玩笑,也不管你是否觉得好笑。

杨绛说过:"最艰难的时候,别老想着太远的将来,只要鼓励自己过好今天就好。这世间有太多的猝不及防,有些东西根本不配占有你的情绪。人生就是一场体验,请你尽兴。"

不要和生活较真,将得失看淡,活得轻松一点。

生活的问卷没有答案,执着地追寻并不一定能让生活更加圆满。

无论生活如何变化,过好当下最重要。

生活偶尔苦涩,你要学会苦中作乐。不用执着地追求和纠结什么,千万不要画地为牢。

一时处境不好没关系,有起伏的悲喜能让你更珍惜快乐的时刻。

愿你能够积极地面对现实、接受现实,快乐地活着。

可以简简单单，
但不要随随便便

01

我与小艾已经有些时日没见面了，因为她谈了场恋爱，着实忽略了我们这些朋友一段时间。

上次小艾约我见面吃个饭，我打趣她："终于舍得和我出来啦，今天不陪男朋友了？"

小艾有点落寞地说："分了。"

"啊？"我感到惊讶，又不是那么惊讶，心情有点复杂地问，"什么时候的事儿？是发生什么了吗？"

小艾说："没有啊，什么特别的也没发生。就是我们几天没有联系了，然后我去找他，他竟然和我说：'我们不是分手了吗？'然后我们就真的分手了。"

我有点气闷："什么？他这是希望你们两个心照不宣，在沉默中分手吗？"

她眼眶红红的，没有说什么话。我不敢再说什么重话，只能将手里的纸巾递给她，转了话题。

想到他们俩开始恋爱时的情形，我竟然觉得这样的结局很合理。

小艾与男友相识在他们的共同好友组织的聚会上。小艾见到那个男孩的第一眼就产生了好感，说是一见钟情也不为过。

在互相加了好友之后，男孩开始教小艾打游戏。过了一段时间，小艾突然告诉我："我谈恋爱了。"还不等我问什么，她又有些犹豫，说："算是吧。"

我疑惑地问她："谈就是谈了，怎么还'算是'呢？"她没有回答。

在我又追问了一遍之后，她才肯定地说："就是谈了。"

我问她："你们谁先表白的？"她含含糊糊地说："没有谁表白。"

我又露出了疑惑的表情，小艾才说："就是我们俩去玩了密室，别人误会我俩是男女朋友，我俩都没有反驳，就自然而然在一起了呗。"

"草率！太草率了！"

但小艾并没有在意这件事，她和男孩在一起很高兴。她说："我们之后好好的就行了呀，他对我很好。"

我看他们那段时间感情确实很好，还以为下一次等来的会是他们俩的好消息，没想到现在等到的却是他们相忘于江湖的结局。

这段感情只维持了几个月，就结束了。而它的结束与开始一样，没有什么理由，连正式的时间节点也没有。

小艾让我对他们俩的事情保密。她说："正好也没什么人知道，我自己也觉得好像做梦一样，说自己之前谈了段恋爱都没有什么底气。那就当它没发生过吧。"

爱情很单纯，恋爱很简单，但是再单纯再简单的感情也需要用心经营和维护，需要双方都在乎、珍惜，才能长久地进行下去。

生活不用处处都体现仪式感，但是一段感情的开始和结束，最好还是有点仪式感。谈恋爱要有一方真挚而郑重地表白，也有另一方认真而确定地回答才算开始。不必非要有复杂的表白仪式，但至少不要随随便便地开始，也不要莫名其妙地结束。

否则在你回首一段感情的时候，会带着不确定的虚浮感，茫然不知从何时开始怀念，也不知道在何时与之告别。

02

去年春节回家，难得能和姑姑们，还有我的几个兄弟姐妹们都见上一面。在饭桌上，我妈妈问表姐："你和小程怎么样了呀？"

表姐还没回答，她妈妈，也就是我二姑先一步开口了："哎呀，他们处得挺好的，还联系着呢。"

然后二姑开始滔滔不绝地夸起来，小程的条件有多好，与表姐有多合适。表姐只是埋头吃饭，一句话也不多说。

我悄悄给表姐发微信："小程是谁啊？你什么时候交的男朋友？"

表姐也打字给我回复："才不是什么男朋友呢，那是我妈上次给我安排的相亲对象。"

我问她："你俩没谈吗？"

她面上带着愤愤的表情给我回复："拜托，我俩才见了一面而已，只不过是加上了联系方式，我妈就当成我俩在谈了。她对他的条件相当满意啊。"

"那你不满意啊？"

"也不是不满意，我俩有再联系看看的想法，但是也不能才见一面就确定关系吧。"

"那你不和姑姑解释解释？"

表姐发了个无奈的表情："我说了没用呀，她就觉得对方的年龄、学历、家庭什么的都挺合适的，我一说我俩有联系，她就马上认为我俩是谈上了。"

我逗她："我觉得你对他的感觉也挺好啊，你犹豫什么呢？"

她认真地回道："不是犹豫，我不可能只因为这些外在的条件合适，就和他在一块啊。至少得再了解得多一点，确定互相喜欢才可以谈吧……"

爱情可以是简单的，但不能是随意的。

简单是经营爱情的方式，不随意是对待爱情的态度。

爱情简单是指两个人真诚而坦荡地交流，彼此包容，互相扶持，珍惜并用心经营彼此之间的关系。

爱情上随意则是对感情不负责任的态度，开始与结束都不经过深思熟虑，最终只会害人害己。

慎重地对待一段感情的开始，是对自己和他人负责。

一段感情的开始和结束，可以伴随着各种各样的理由，而最可怕的是没有什么理由，只是为了将就。

03

同事李李的小堂妹高考结束后，李李在办公室向同事们征集送小堂妹礼物的建议。洋洋说："还是要看看她喜欢什么吧。"

李李说："也是。可是她喜欢的太多了，我更不知道该送什么了。"

正在我们热烈讨论的时候，陈姐走到我们身边，开口问道："你妹妹考多少分啊？"

李李回她："五百七十多分吧。"小堂妹的成绩，无论是对她自己还是对于她所在的学校来说都算是不错的，因此李李说话时难免带了点骄傲的语气。

结果下一秒就听见陈姐说："还不到六百分啊！不是都说你妹妹学习很好吗？"

李李的笑容瞬间消失了，只是淡淡地"嗯"了一声，没有再说别的。

但是李李的冷淡并没有让陈姐住口，她又问："学什么专业定好了吗？"

李李说："文学专业。"

陈姐接着又说道："哎呀，文科多不好找工作啊，学了也没啥用。"

周围的人顿时随着她的话沉默下来,陈姐自己倒是好像完全没有注意到似的转身离开了。

洋洋开口问我:"你看空气中有什么?"

我看了她一眼,问她:"什么呀?"

她抓了一把空气说:"漫天的无语和尴尬。"

我俩对视着笑了笑,都有些无奈。

我与陈姐待在一起时,总有一种身边有一颗炸弹的感觉,而且这颗炸弹不知道什么时候就炸了,令人猝不及防。

同事云朵生了二胎,休完产假刚刚回公司,大家都恭喜她。陈姐也有两个孩子,与云朵的孩子一样,是两个男孩。她却说:"老二最没用了,我们家老二没人喜欢的。"

我皱着眉问她:"怎么这么说?"

陈姐说:"老大是男孩,老二当然想要女孩啊。他是个男孩,当然不喜欢他了。"

我听着有些气愤:"就因为这个?"

陈姐回复得十分理所当然:"对呀,谁让他是老二呢。"

云朵这时插进话来,声音听着就冷:"我就喜欢我儿子,老大老二我都喜欢!"然后转头就走了。

陈姐还嘟囔着:"咋了呀?我说的是实话……"

生活中好像总有陈姐这样的人,对自己随随便便的出口伤人毫无觉察,还标榜自己是率真,让别人不要因为自己"心直口快"而怪罪。更有甚者，在旁人表现出不满之后，还觉得是对方小题大做。

马歇尔·卢森堡说："也许我们并不认为自己的谈话方式是'暴力'的，但语言确实常常引发自己和他人的痛苦。"

言语是一把利剑，在不了解对方的情况下，随意以自己的心思去揣度对方还肆意评论，是既愚蠢又恶毒的行为。

口中能吐玫瑰，也能吐蒺藜。你随口而出的话，可能温暖他人，也可能化为利刃刺伤他人。所以，夸赞的话可以脱口而出，诋毁的话务必三思。

04

我现在还时常刷一刷电视剧《欢乐颂》的第一部。里面的角色我并不是每一个都喜欢，之所以反复去看，是因为我太喜欢安迪这个角色了。

樊胜美因为男友王柏川买不起房子而拒绝了他的追求，安迪知道后劝说樊胜美。樊胜美对安迪说："你不懂……你跟我们不一样，你买套房就是一句话的事，所以啊，你理解不了。"

安迪说："我能够理解。人都是追求安稳的，朝不保夕的感觉是很不好。"

樊胜美听了之后激动地说："安迪，我爱你。"甚至还想去抱一下安迪。

曲筱绡由此评价樊胜美是"捞女"。安迪对曲筱绡说："只要樊胜美不惹大家，就不要处处针对她。"

安迪和关雎尔一起乘电梯回到房间。安迪看出了关雎尔内心对此事还有点想法，于是对她说："我们心里可以有不同的见解，但没有权利对别人扔石头。没有人是完美的，对方有罪，你又何尝无辜？与其站在道德制高点去苛责别人，不如先要求自己。"

在《欢乐颂》这部剧中，安迪和曲筱绡代表了人物性格的两个极端。曲筱绡在帮助别人的同时也会用言语伤害别人，她并非没有善心，只是她的善心总是带着棱角，一不小心就让别人受伤了。对于朋友，她也丝毫不在乎是否出口伤人，比如她评价樊胜美"虚荣""捞女"，说邱莹莹"拎不清"等。安迪却评价樊胜美"热心肠"，邱莹莹"简单、单纯"，对于她们的一些选择，也是看破不说破，从不轻易批评。她十分注意人与人之间的边界感和分寸感，也懂得维护他人的自尊。

在刚开始看剧时，或许会认为安迪是一个特立独行、高智商低情商的人，但在了解她之后就会发现，她是一个高情商而且富有魅力的角色。

我时常期待，我所处的环境里能有一个像安迪这样的人——相处时有分寸感，还会在我尴尬和窘迫时为我解围，我即便有些事情做得不对，也不会被她冷嘲热讽。

注意交往的距离，把握好相处的分寸，才能让彼此都舒服。

知乎上有一个问题是："如何才能快速提升情商？"

下面各式各样的评论都有，其中有一条是"不要乱说话"。短短五个字让人豁然开朗——情商高，就是说话让人舒服。

再亲密的关系，恶语相向也会破裂。更何况作为旁观者，本就没有肆意评判别人生活的资格。

不懂的事情不乱说，懂的事情不多说。言由心生，你说话的态度，代表了你做人的温度。

你说的话，就是别人眼中的你。你若口出恶言，往往遭人厌恶；你若言辞温和，自然受人尊敬。

就像有一句话说的那样："义正需辞婉，理直也语柔。"

在话出口之前，需要思虑周全。

05

平平常和我抱怨，每天朝九晚六的工作太不自由了，累而且挣钱少。她总是说："要不我辞职，去做专职美妆博主吧。"

我每次听见她这么说都会劝她："你还想着这事儿呢，做博主有你想的那么容易吗？"

她在刚毕业入职后就提起过这件事，那时她对我说她想挣钱。

我惊讶地问："你不是已经在工作挣钱了吗？"

她却撇撇嘴："我想挣大钱，不是现在这种普普通通的工作。你觉得我做个美妆博主怎么样？"

我当时就对她说："你先把工作做好，有点积蓄了再说吧，一口吃不成个胖子。"

之后平平倒是安安静静地干了两年。我一直以为那只是她不切实际地说说罢了。当她因为工作不顺心，提起要辞职的时候，我也以为那只是气话。

没想到，平平真的辞职了，而且像她说的那样，准备做一个美妆博主。

我听到后着实有些惊讶："你确定自己要做这个了？你懂其中的内情吗？"

平平充满信心地说："放心吧，我当然了解过了。我之前就喜欢看这种视频啊，还学过呢，肯定没问题！"

工作两年，平平有了些积蓄，可是要做一个美妆博主需要准备很多东西，直播设备、美妆产品就花掉了她大半积蓄。平平说："钱真是不经花呀，不过没关系，我要开始赚钱了！"

平平虽然学习过化妆，但在镜头面前的表现却不是很自然，对账号的运营和管理也是一知半解，导致她的账号流量始终不如预期。做美妆博主，并没有给她带来可观的收益。

大概不到一年的时间，平平的账号就停更了。我问她为什么不继续更新了，她说："找工作呢，没时间和精力去做了。"

记得几年前有一封火爆全网的辞职信："世界那么大，我想去看看。"我在刚刚看到这句话的时候，内心也涌上了一股冲动，想要马上脱离现在这种规律而枯燥的生活，去看看世界之大，领略世界之美。

不过这股冲动只是一时的，被热血冲击的理智终究在现实的提醒下回归。

大概很多人都会有这样冲动的时刻，突然想要改变自己的生活，想要去实现自己梦想已久的一个大胆而冒险的愿望。可是，却很少有人真正地付诸行动。

　　也许，生活中有太多的羁绊，让人没有说走就走、毫无后顾之忧的底气。

　　梦想之所以是梦想，就是因为它美好而且多少有点不切实际。可我们却不能对现实情况置之不理，只头脑一热就往前冲去。

　　生活可以有底线地随心所欲，却不能盲目地随波逐流。

　　不是不可以过自己想过的生活，而是在社会规则和感情羁绊的约束下，有条件地过自己想过的生活。

　　做任何事情都有相应的代价，没有随心所欲的资本，就不要轻易尝试冒险。要有分寸和底线，认真对待自己的生活和人生，生活才会同样认真地对待你。

　　在人生大事上，希望你能够慎之又慎，深思熟虑后再做选择。

外界的声音只是参考，
你不开心就不要参考

01

熊熊身材微胖，她买衣服有先看服装博主测评的习惯，却被"照骗"骗了很多次。因为想帮助和自己有一样需求的人，她成为一名服装测评博主。

她买来网上宣传得很火的微胖服装，每一次测评都关掉美颜和滤镜站在镜头前，全方位地向别人展示服装的上身效果，再认真分析服装上身后的优缺点。

她是梨形身材，每次还会修几张改变了身材的上身效果图放在视频结尾，说是满足不同身材类型姐妹的需要。

渐渐地，她的账号有了一些人关注。有人给她评论："谢谢姐妹！这是我见过最真实的测评博主了。""呜呜呜，真的很有用啊，太真实了！""博主真实诚啊。"也有人说："真丑，就这还测评呢。""一点也不好看，还是开点美颜吧。""你该减肥了吧，这也太胖了。""不是服装不好看,是你长得不好看。"

我担心这些人的评论会影响熊熊的心态,就对她说:"你把这些评论删了吧,说得真过分,这不是人身攻击吗?别理他们啊。"

熊熊却说:"我知道,没事儿,也不用删。你没看还有好多人说我的测评有用吗?说明我没做错啊。"

熊熊现在仍然坚持不开美颜和滤镜去测评服装,她没有删除不好的评论,也不会在那些评论底下回复什么,和夸奖她的人倒是一直有很多互动。

当一个人明确地知道自己要做什么事情、做事情的目的是什么,旁人对她的评价就无关紧要了。

开心时,可以听上两句反思一下;不开心时,就把它当成耳边吹过的风,不用自己主动忘就已经散了,无需在意。

02

我有时会将小红书当成朋友圈来发,主要是发自己无处安放的文艺灵感。像一些自己觉得略微做作的照片和矫情又正经的文字,不好意思发在朋友圈里,又控制不住分享欲,就成了我小红书上的常客。

我这个账号没什么人关注,发出去也只是满足自己的分享欲而已,每条图文的浏览量都低得很稳定,也极少有人与我互动。虽然这里是一个开放的平台,但作为其中一个小透明,没人关注,偶尔发疯,我很享受这种看似开放实则私密的感觉。

有一次,我发了一张黄昏落日下的侧脸图片,并配上了文案"时间说了谎，奈何只是旧梦一场"。

没想到，发出几分钟后，我竟然收到了一条评论："装什么，真够土的，就这还发出来现眼呢。"

我一瞬间心情变得很糟糕，好像被人当面羞辱了一番，马上就想回怼他："你没事吧？"之后想着自己要再说些什么的时候，我突然意识到，我与这个人完全没有任何交集，要吵架都不知道怎么吵。

我打了一句话又删除，来回了几次，突然觉得很没意思。我竟然对一个陌生人的指指点点如此生气，真是毫无意义，这只是在浪费我的时间。

最终我只是回了他一句："你不喜欢可以不看。"

我没有拉黑或屏蔽这个人，他仍然可以看见我的动态。不过之后我再没收到过这个人对我的评论了。

也许他不过是那天心情不好，想找一个地方发泄，而我那天又少了些运气，刚好成了他发泄情绪的对象而已。

他是一个对我毫不了解的人，那么我也完全没有必要在乎他对我的评价。装不装，我自己知道；土不土，品位不同，我喜欢就好；发不发，更用不着他来管。

生活中好像总能遇见这样的人，明明你们互不相识，你只是分享自己的日常生活，展示自己的喜好，就能收到这些人的指指点点，好像你的生活还存在对错之分似的。

生活是自己过给自己的，原本就没有什么对错之分。

生而为人，是为了体验这个世界，不是为了十全十美地完成任务,也不是为了满足别人的喜好。

外界的评价,只是那些人评判的标准,并不是我们自己的行事准则。

外界的声音杂而乱,每个人的评判标准不同,喜好也不同。无论你怎么表里如一,谨言慎行,落在别人眼里也总有不是。

若是一味地迎合他人的喜好而改变自己,那你就成了一群人手里的橡皮泥,他揉一下,她捏一把,永远无法成型。

别人永远不可能完全了解你,最了解你的人是你自己,所以最具参考价值的声音,应该来自你自己,而非他人。

03

周末我与洋洋逛街,偶遇了这样一幕:一个身材壮实、一头板寸的中年女人却穿了一件公主裙。

那视觉效果着实有些冲击力,我连忙指给洋洋看,并小声对她吐槽:"穿成这样出门,是不是精神有什么问题?"

洋洋说:"我已经看见她好几次了,每次都穿公主裙,她在网上还挺出名的。"

原来,一个摄影师在偶然拍到她之后,把照片发到了网上,引起了很多网友的讨论。其中有很多恶评,比如"故意扮丑来吸引流量""哗众取宠""辣眼睛、恶心,根本就是格格不入"。

拍到她的摄影师感到很内疚,担心她会受到网上恶意言论的影响,还特意寻找了好的评论去给她看,并向她道歉。她却笑着说:"没关系,我自己觉得好看就行,别人怎么想我不管。"她仍然会穿着各种款式、不同颜色的公主裙出门逛街。

我忍不住感叹了一句:"她好酷啊!"

每个人都有自己的世界,在自己的世界里过得开心就好。

活在自己的世界里,专注地爱自己,是一件简单也困难的事情。能做到的人,都是勇敢的人,而勇敢的人往往先享受生活。

有一次,我买了一件杏色紧身连衣裙,兴冲冲地换上,拍了照发到闺蜜群里。群里顿时炸了,一番互相吹捧之后,最后有个姐妹说了一句:"挺好看的,就是感觉你不会穿出去。"

她对我实在是了解,我确实没有穿出去的打算,只是想试试,满足一下自己的爱美之心而已。穿出去总觉得别扭,这大概就是"美丽羞耻症"吧。

"美丽羞耻症"居然能被单独列为一种症状了,可见生活中拥有同样感受的人不在少数。

不知道是不是因为我们平时休闲朴素惯了,日常穿衣打扮也越来越以休闲和舒适为主。每次好好化个妆,一番精心打扮之后出门,都会产生一种过度打扮的羞耻感,会思考自己是否过于高调和隆重了,然后就会不好意思出门,或者出门后连拍照都不敢摆幅度太大的动作和姿势,生怕遭人侧目。

精致地打扮自己并没有什么错,也不应该成为自己羞耻的原因。我们将外界的声音看得太重,也太在乎别人对自己的评价,才会莫名地产生羞耻感。

这一生中，我们听到的声音太多了，有别人的，也有自己的。很多人往往过于注重别人的声音，而忽视了自己内心的声音。

但是，最应该被聆听的，恰恰是你自己的声音。外界的声音不过是参考而已，它不应该成为左右你的"圣旨"。

生活中，不用那么在意别人的评价，"子非鱼，安知鱼之乐"，他不是你，没有你的经历，也体会不了你的痛苦和快乐。

想拍好看的照片就拍，想穿漂亮的衣服就穿，想化精致的妆容就化，不用担心别人是否理解你。没有他们的理解，你一样可以快乐。

即便真的有人对你做出了负面评价，那也是他的问题，而非你的问题。

喜欢你的人，不会深究你的小缺点；讨厌你的人，看不见你的满身光环。

别人的声音，听一听就好了，喜欢就多听，不喜欢就忽略。

别人对你看法的好坏，就像你点外卖时用的那张优惠券，好的优惠了几块钱，坏的没有优惠，差的只不过是几块钱而已。外卖优惠券用或不用，都不会影响你的经济状况；同样，别人的看法是好是坏，也无法左右你选择的人生轨迹。

04

"真好看！"我用手点了点阳台上鳟鱼海棠带着白色斑点的叶子，看着它已经开出了清新淡雅的白色花朵，心情很好。

我很喜欢这种带着白色或黄色淡雅颜色的绿植。养不同品种的花草是我的爱好之一，只要看到了喜欢的，价格又不是贵得离谱的，我基本上都会买来养一养。当然，并不是所有的花都能养活。

现在家里除了那株鳟鱼海棠，也就只剩下阳台的雪莹和客厅里的垂丝茉莉生长得很好了，其它都蔫巴巴的。

朋友来我家找我，我让她也看看阳台上的鳟鱼海棠："你看，它刚开花你就来了，好看吧？"

"好看。但是你怎么又买了一盆呀，你不是买了很多了吗？"

"买得多，但活得少啊。"

"那就别买了呗，你还老说自己攒不下来钱，这不就是原因嘛。你要是喜欢，养两盆不就好了，没必要买这么多呀，既没有实用价值，又烧钱。"

我沉默了一下，轻轻说道："你不懂。"

不是所有的事情都能被人理解，但你的事情，本来也不需要别人理解。因为这是你的人生，只做让自己喜欢的事情就好了，取悦自己才是第一要紧的事。

别人只是轻飘飘地提出一些意见，既不用为你的人生负责，也不会承担你"听劝"的后果。当然，他也不能强迫你做出选择。为自己的选择和决定负责的人，是你自己。

既然如此，外界的那些声音便只是你做出决定的参考而已，不喜欢，就不要参考。

05

电影《杀生》里，主人公牛结实的名字带了某种暗示，他身体健康，好于常人。他生性顽劣，到处惹事，肆无忌惮，为村里带来了不少麻烦，村民们都想除掉他。在村里来了个牛医生后，他们一起想到了一个办法。

既然身体上的伤害没有压垮牛结实，那就从心理暗示开始。

村民们开始在私底下散布流言，偶尔出现一些"悄悄话"，都在传牛结实生了重病。

村民们还看着牛结实对他说："你的力气不如从前了。"这样的话听多了，逐渐地，牛结实也开始怀疑自己的身体是不是有毛病，最终对他人口中自己的"病情"深信不疑，相信自己真的命不久矣。他的心理防线在别人的一言一语中崩溃了，心死也奠定了他身死的结局。

有时候，一个人被毁掉，从他相信别人大过相信自己开始。

尽管电影情节是艺术加工过的，牛结实经历的欺骗也极少会出现在普通人的身上，但是他人发出的声音所带来的杀伤力不可忽视。那些并非刻意改变你而发出的声音，往往更容易让人迷失。

我在逛某个摄影作品展览时认识了沫沫。沫沫五年前结了婚，她觉得自己正处于事业上升期，不适合要孩子，就和丈夫商量先不要孩子，过几年再说。但是这个想法遭到了双方父母的反对。我刚认识她的时候，她正在为这件事烦恼。

沫沫说："我公婆一直着急让我俩要个孩子。而且我现在已经三十二岁了，他们怕我过几年再生孩子就是高龄产妇了，有危险。"

她还说："不过我真怕要了孩子会对我的事业有影响，反正我不会现在要。"

后来我俩碰巧又见面。一起吃饭的时候，沫沫接到了她妈妈的电话。她脸色不太好，嘴里一直应和着："好好，我知道了，我想着呢。"

我问她怎么了，她和我说："还是孩子的事呗。"

我问："你改变主意了？"

她说："也没有。他们也是担心我，我再想想吧……"

沫沫对待这件事的态度在亲人的催促和担忧下，从坚定变得犹豫起来。

生活中好像充满了这样的情况：当你做了什么决定后，总有人跳出来以各种各样的理由来劝告你不要这么做。其中最难以忽视的就是至亲之人的声音。

因为他们可以在日常生活里，不经意地对你提起他们的想法，潜移默化地影响你的思考。而你太在乎他们的感受，在一句句"都是为了你好"，在一声声关心和诉求里，你好不容易建起来的堡垒便坍塌了。

但是别人说的话终究只是建议而已,做决定的人只能是你。执行这个决定,并且为后果负责的人,还是你自己。

关系再亲近的人也是一样的,他们都是"旁人",不能代替你过你的生活。你可以在乎他们的感受,但不用过于在意他们的看法。

其他人都是在你的人生中路过的NPC,你,才是自己人生的主角。

记住,生活是自己的。

有趣，
都藏在无聊的日子里

01

周末在家，我已经持续看了大半天的手机。刷着刷着，突然感到一阵空虚，甚至生出了一种不如马上到公司上班的可怕感觉。

我赶紧摇了摇头，赶走了这种想法。

想出门去逛一逛，但是脑海里又没什么有趣的地方，周边的商场和公园都已经逛腻了。没有什么好想法，我又趴回了沙发上，想要在手机里看看大家周末无聊时都会做什么。

刚好在小红书里互关的一个女孩发了动态："周末无聊，随机投骰子，投到几就去坐几号线地铁。"

她用骰子确定了自己的乘车线路和目的地。骰子数分别为三和六，她就坐上了三号线地铁，预计在六站之后下车。

她用手机查看地图后，发现下车的地点附近有条河，就沿着河边溜达了起来，还在评论区置顶了一句："主打一个随机游走！"

我在后台私信她:"你随机游走得怎么样啊?"

她回复说:"非常成功!下次我还要再来一次。"

她还给我分享了一张她拍摄的照片,照片里有很多人坐在台阶上,都在看着前方一个拿着话筒唱歌的人。

她和我说:"我第一次线下看人直播唱歌,和线上的感觉很不一样,氛围超好!你试一次,也一定会喜欢。"

无聊的时光,其实暗藏了很多新的可能性和乐趣。我们感到无聊的那些时间,都是在给我们自由发掘有趣事物的机会。

你在这个时间段里没有任何计划安排,没有琐事缠身,完全可以用它去做任何你想做的事,或者去体验你没体验过的事情,从而发现那些你从不知道的、令你觉得新奇有趣的事情。

没有任何要求和条件,你可以完全随心地决定去做点什么。决定的方式也可以用类似于投骰子这样的随机方式。

不一定选择出门,在纸上罗列几件你曾经灵光一现、想做而没有机会做的事情,比如看某部听说很好看的电影、做一道步骤很麻烦的菜品、将房间收拾整齐、清理手机相册、点一种曾经害怕踩雷的外卖……

罗列的时候,也许你就会突然想到现在该做什么了。如果还是无法做出决定,那就用抽签的方式来确定你接下来要做的事情。

总之,你可以用一切随机的方式,来安排自己无聊的时间。每一次随机选择都让接下来的时刻充满了惊喜,也许还会发生新的故事。就像拆盲盒一样,从中感受着不确定带来的期待和乐趣。

生活带着小小的期待，人生才不会百无聊赖。

02

最近在网上看到了一个很有趣的故事："对象把我掉的头发做成了煤球精。"

照片上有二十多个像宫崎骏动漫电影《龙猫》里的小煤球精一样的毛绒玩具堆在沙发角落，仔细一看，竟然是用头发做成的。

这是一对小情侣，女生在家自己剪了剪头发，地上铺了一地的头发，本想让男友扫起来扔掉，男友却将她的这些头发团成了一个个黑色的小球，然后再贴上眼睛，就变成了一个个"小煤球精"。

有人给女生评论："这么有趣的男友到底都是谁在谈啊？"

拥有这样巧思创意的人，日常生活中大概也是极有趣的，才能将生活中很小、很常见的事情都变得有趣可爱起来。

有人真诚地发问："这一天得掉多少头发啊？"还有人调侃："我脑袋上的头发都没这些煤球多。"底下有人笑她，有人感同身受。

还真的有人亲自实践过。我曾刷到过一个视频，视频里女孩拿着已经绑好的一把头发，说："一年，也就浅浅掉了两万多根吧。"

底下有人评论："很遗憾以这种'秃然'的方式认识你。"还有人说："你掉的头发比我自己的发量还多。"评论区一时间热闹非凡。

她自己评论道："等着我用它们做个假发回来。"

过了几天,她又发了一个视频,视频里的她拿着几缕不同颜色的假发片,头上还戴了两片。原来她不仅把头发分成了几缕,做成了假发片,还染了颜色。她说:"我用真头发做成的假发来了,这样就不用怕漂染伤头发了。"

有人打趣:"头发:没想到自己有一天还能回来。"也有人评论:"还真的做了……该说你执行力强呢,还是该说你是真无聊呢?""做这个有什么意义吗?"

我也很想感叹:这是有多无聊,才能每天都数自己掉了多少根头发呢!不过我却不想询问她做这件事情有什么意义。

因为很多事情其实都是没有意义的,所谓意义通常都是人为加上去的。

你看学习类的视频,是为了学习知识,那么学习知识就是看视频的意义;你看娱乐视频,是为了获得快乐,那么获得快乐就是看视频的意义。

罗素说:"能从浪费时间中获得乐趣,就不是浪费时间。"

即使一件事情看似没有意义,只要你能够从中得到乐趣,那这件事就是有意义的。

你要爱生活,不是爱生活的意义。

03

我曾经刷到过一篇笔记,标题是"无聊的坚持系列之吃鱼香肉丝盖饭的第一百天"。

博主在笔记中写道:"不可思议,我们竟然真的一起度过了匪夷所思的、至少人类不应该做的,但确实让我愉悦的一百天。"

做这件事情的起因,是博主在一次吃鱼香肉丝盖饭的时候,刚好看到了另外一个博主说她在生活中坚持的那些事情。

于是博主就开始思考:"我坚持过什么呢?"没有想到什么答案的她,就想试试吃鱼香肉丝盖饭能坚持多久。

她在这篇笔记里回答了几个评论。有一条评论是:"你真的不腻吗?"

她回复道:"不腻。因为我并不是在同一家店吃,经常换不同家点外卖,周末还会去外面探店,每一家的口味都不太一样,有时连配菜都不一样。"

还有人问她:"一百天之后要干吗?"

她回复说:"那肯定是我想干吗就干吗。但是我现在还没想好,所以应该会先把鱼香肉丝这件事坚持下去再说。"

我去她的主页看了她以往的笔记,每篇笔记都会给出这顿鱼香肉丝的价格、配菜和口味,的确是家家都有区别。然后也看到评论区里很多人对不同地区和店铺的鱼香肉丝的热烈讨论。

她现在已经坚持到了第二百七十六天,评论区里充满了各种不可思议的声音。最新一篇的笔记下方,有人说:"不敢想,你竟然真的坚持到了现在。"

就像她自己说的，这二百七十六天对于别人来说称得上"匪夷所思"，但是对于她自己来说是"愉悦"的。

有人评论："遇见您以前，我从来没想过鱼香肉丝可以有这么多表现形式。"这条评论获得了高赞。

也许有人会觉得，她没有吃腻，看的人都会看腻看麻木吧。可她每一篇笔记的分享风格都是这样的："思路打开，鱼香肉丝既然可以卷春饼和筋饼，想必卷一下蛋饼味道应该也不错吧。""天气好，吃到暗香阁喽。"

看她的分享，很容易感受到她对这件事的喜欢，连"鱼香肉丝"四个字都变得生动起来。

她给这个系列取名"无聊的坚持"，但真正觉得无聊的人大概从来不是她自己。

每天重复做某些事情，别人或许觉得单调又枯燥，可身处其中的人却能够发现它的亮点，在每一次的实践中找到新的乐趣。

或许你曾为了快乐走遍万水千山，也始终不见快乐的踪影，但当你百无聊赖闲暇打发时间时，快乐也许就在身边。

平淡的日子里，也有快乐的秘密。

无聊的事坚持下来，也许就变成了有趣的事。

因为有趣总是藏在无聊的日子里。

04

经常收到广告推销电话，一开始我还会等对方话语停顿时再挂断,后面则会直接挂断和拉黑。有一段时间,我因为推销电话太过频繁而不胜其扰。

某一天晚上,在我又一次收到信贷推销电话时,我突然心血来潮,并没有马上挂断电话,而是决定和对方好好聊聊。

一个女声通过电话问我:"您好,请问小额贷款需要吗?"

我说:"要要要。"

她可能打了一天电话都没有收到过肯定回复,语气马上兴奋了起来:"那您需要贷多少呢?"

我问:"贷款可以是大额的吗?"

她马上回答:"当然可以。请问您有什么资产可以抵押吗?"

我悠悠地说:"当然有啊。两个轮子的车一辆,十平方米房屋的一年使用权。怎么样,够了吧?"

她停顿了一下,问:"房子不在您名下吗?"

我说:"有房子的人还要和你贷款吗?我穷得你都知道了,还有什么可以被抵押的吗?'007'的工作和一个只会拆家的哈士奇做抵押可不可以啊?"

对方在我还没有说完的时候就挂断了电话,我对着电话吐槽道:"比我还没有耐心,业绩怎么完成?!"

扔下电话,我突然变得开心起来,因为从此我又少了一个烦躁的理由,多了一个让心情愉悦的方式。

突然理解了那句话——"与其精神内耗自己,不如发疯外耗别人,做人没必要太正常。"

在生活的条条框框和约定俗成中，可以偶尔放飞一下自己，在无聊里"发疯"。

面对生活琐事时，从另一个角度出发，也许就能发现新的乐趣。

乐趣不一定都发生在某些激动人心的时刻，它存在于那些看似平凡而普通的生活小事中。生活总有瞬间的美好，让你偶遇快乐。

有趣，是无聊生活里的宝藏。

愿你能够在无聊的日子里，发掘隐藏的快乐宝藏。

05

生活平淡但并不单调，有很多能够让人感受到快乐的事情值得去做。你可以尝试着去做一些有趣的小事，来改变你认为无聊的时刻：

1.写一封给未来的自己的信

2.给自己喜欢的影视剧或者动漫配个音

3.为自己做一顿大餐

4.整理自己的相册，回顾美好的瞬间

5.清理电脑桌面，删除垃圾文件

6.扔掉冰箱里的过期食物

7.用牙膏刷刷杯子

……

做事不是最终目的，得到快乐才是。

生活原本无聊乏味，快乐都是自己找的。

如果你现在觉得没什么意思，就在微小的事情上做一些改变吧。

换一个发型也好,换个床单、窗帘也可以,总之行动起来,让自己的生活与平常有所不同。

在焕然一新的视野里,体会焕然一新的心情。

有趣正在无聊的日子里长住,记得时常去探访它哦。

第三章

大胆点生活,
你没那么多观众

如果运气不好，
那就试试勇气

01

周末看了电影《金手指》，电影里程一言有一个举动令我印象深刻。

程一言假扮拿督，在被人跟踪探查底细时，将自己身上仅有的一百元都给了服务员做小费，只为了让竞争对手吴任松相信自己真的拥有雄厚财力。

这一大胆的举动成功骗过了吴任松，程一言的百亿身家就从这次的孤注一掷开始。这种敢于不给自己留任何后路的勇气，狠狠戳到了我。

若是境况艰难，就勇敢一点，也许能寻到新的出路。

小敏曾与我做过一段时间的同事，一年前因为父母相继去世，她辞职接手家里的鞋店。

店铺面积不大,而且就设在居民区。小敏不太善于与人打交道,也没有父母的经营经验足,生意从她接手开始就一直没什么起色。

我对小敏说:"不然你试试开个直播呢?"

小敏连连摇头:"不行,我不敢,我没做过这个,而且你又不是不知道我社恐。"

尽管当时小敏拒绝了这个提议,但是几天之后她还是开了一个账号,对我说:"要不我还是试一下吧。"

第一次做直播时,小敏对着手机不知道说什么好。有人进直播间的时候,她更是紧张得说话都结结巴巴的;若是直播间没人,她还会松一口气。

直播结束后,她对我说:"看吧,我都说我不行了。我紧张得喘不上来气,也不会说话。"

我却觉得开了头就很不错了,鼓励她:"你看不见他们,就当自言自语了。而且第一天嘛,再试试。"

小敏犹豫了一下,像是下了很大决心,深吸一口气,说道:"好!"

为了让自己说话不再磕巴,她在网上找了很多直播卖鞋的话术,把话术一一背熟。直播的时候,她放了一面镜子在自己对面。她说这是在想象和自己对话,就不会那么紧张了。

一开始,直播间的人依然不是很多,但公屏上出现的每一个问题她都会认真回答,渐渐地也能留住几个回头客了。

生活中总会遇见很多难处,若是以过往的经验无法解决,不妨试试以前从未试过的新路子。说不定当你大胆地尝试了新的事物后，面前的难题就迎刃而解了。

勇气，能带来更多的机会。

很多时候，我们觉得苦觉得累觉得难，是因为我们没有跳出常规圈子，而多一份尝试新事物的勇气，就多了一份变好的可能。

生活充满未知，一直待在自己的舒适圈里，遇到意外后很容易不知所措。

生活的境况有好有坏，失败也是很常见的事，不要因为害怕失败而给自己的未来设限。有时候难的不是事情本身，而是突破自己内心对于失败的恐惧。

失败没什么可怕，可怕的是你放弃了尝试新事物的机会。

一个人拥有的最大勇气，就是给自己试错的机会。

对新事物试错是我们学习的方式，也是成长的必经之路；是冒险，也是机遇。

不要因为一次不顺利而瞻前顾后、止步不前，勇气是坚持前行的力量源泉。

敢于尝试，才有突破的可能。

02

阿林的老公做生意赔了钱，两人虽然离婚了，但仍然有十几万元的债务压到了她的身上。她妈妈又生病住院了，她不得不从公司辞职。

那段时间她是肉眼可见的憔悴，每次与朋友见面，都能听到她说自己："我怎么就这么倒霉，干啥都不行，啥事都不顺利。"

人越是注意自己时运不好，就越容易关注自己生活中的负面情况，就会导致情绪更差。情绪不好时，又会更加在意自己的时运问题，再加上"自己什么都做不好"这种心理暗示，生活就陷入了一种恶性循环。

有一种心理学效应是吸引力法则，简单来说就是你越关注什么，就越吸引什么。它认为宇宙中的一切都是一种能量，同样，人的思想也是一种能量。

你身边所发生的事情，都是由自己吸引过来的。也就是说，你的心态和想法会影响现实生活。

越是唉声叹气觉得什么都不顺的人越倒霉，越是乐观开心觉得处处都顺利的人越幸运。

所以保持乐观积极的心态，是扭转坏运气的方法之一。

将自己的生活好坏寄托在他人身上和虚无缥缈的命运上，是逃避现实，而逃避向来解决不了任何问题。只有拥有面对的勇气，才能救自己于水火之中，跨过生活的困境。

你得有所行动。生活并非全然如你所愿，它取决于你的所作所为。

改变现状的希望从来不在别人身上，与其抱怨生活不公，不如挺身面对。

03

"我要结婚了,当天一定要来啊。"

从手机里传来小雅的声音。我对她说:"好啊,放心吧,我一定会去。恭喜你终于遇见能够一起白头的人啦。"

小雅是我前几年认识的朋友,性格大大咧咧,是很外向、很好相处的女孩。她有过好几次恋爱经历,每一次都是开始得快,结束得也快。但她确实都是抱着和对方结婚的目的谈恋爱。她自嘲"桃花很多,可惜都是烂的"。

与上一个男友分手后,她倒是很久没有开始一段新恋情了,直到遇见她现在要结婚的对象。

还在小雅谈上一段恋情的时候,有一次她来我家,丧丧地站在我面前。我问她:"你这是怎么了?"

小雅问我:"你说真的是我的问题吗?"还不等我问是怎么回事,她就自顾自地说了下去。

原来小雅在男友的手机里发现他与前女友还有联系。小雅质问男友,男友的回复是,那的确是前女友,但是他们联系,是因为前女友因原生家庭而心理上有些问题,需要慢慢从一段感情中抽离出来。他答应了前女友的妈妈,两个人会保持偶尔的联系。

小雅委屈地对我说:"他让我别这么敏感,不要没搞清楚状况就乱发脾气,还让我控制好自己的情绪。"

我慢慢地问:"他说的是真的吗?你信了?"

小雅犹豫地说:"他说得挺真的……我现在就是心里不舒服。他说我敏感。你说这是我的问题吗?"

她又重复了一遍这个问题。我正色回答她:"当然不是你的问题了,遇到这种事情,想要弄清楚状况很正常。不过,你确定他没有骗你?"

小雅没有回答。

几天之后,小雅就提出了分手。

分手的原因是,小雅确定了男友的谎言。

小雅自从发现男友与"前女友"联系后,一方面对男友的说法感到怀疑,一方面又怕真的是自己太敏感,不够信任对方。她每天都在怀疑对方和怀疑自己中转换。她说:"我已经完全不像我自己了。"

我忍不住叨咕了一句:"你怎么总是遇上这样的人呢?"

小雅沉默了。

那段感情结束后,小雅很长一段时间没有开始新的感情。我当时还担心她是不是真的被那个人伤到了,问她:"你不打算再谈了吗?"

小雅马上说:"怎么会?!当然要谈了。"

我说:"那这不像你啊,单身到现在。"

小雅认真地说:"我只是觉得,我以前总遇见渣男可能真的和我自己有点关系。我现在要谨慎,不能再轻信男人,在一起之前要好好斟酌斟酌。"

小雅最初以为，将自己的热情与诚心全部投入感情，就会收获对方同样的真心，所以她总是义无反顾地投入每一段感情。可惜对方并没能如她所愿，始终在感情里有所保留，甚至是欺骗和伤害她。

有过几次失败的感情经历后，小雅记住了教训，也做出了改变。不变的是，她仍然未改变对婚姻的期望，她对爱情始终有热切的诚心。

即便有过往的伤痛经历，她也没有失去重新开始的勇气，而是总结经验，认清现实，开始新生活。

失败和感到伤痛的经历，会让我们想要飞快地结束和逃离这一切。有时也会让我们害怕再次面对相同的情况，所以我们往往急着做出某些改变。

不过，不惧改变固然是一种勇气，但也不能盲目改变。

为了逃脱不利的现状，胡乱地做出改变，只会让事情越变越糟。

正确的做法应该是从失败的痛苦中跳脱出来，站在更高的层面俯瞰过往，深刻地认识你所处的局面和经受痛苦的原因，然后在清醒和理智的状态下做出改变。

已经走过的路都是过往，没有不可治愈的伤痛，没有不能结束的沉沦。

华丽而盛大的东西总是需要时间准备，所以你的幸福才姗姗来迟。如果你觉得自己近来运气不太好，那就试试勇气吧。

大胆点生活，
你没那么多观众

01

"她们肯定在一起说我呢。"这是朝云常和我抱怨的话。

朝云对于人和人的相处十分敏感。大学时一个宿舍四个人，如果朝云在回到宿舍时看到另外三个人在一起说话的场景，就觉得这是她们对自己刻意孤立。

有一次，朝云被问到"怎么一个人吃饭"这种日常表示关心的话，她都认为这是别有用心的嘲讽。

工作后，本来与她相熟的同事突然与另外一个人变得熟络起来，她也会思考是不是自己哪里做得不好，才导致对方不喜欢自己了。

她总是告诉我："她们一定在背后一起笑话我。"

这样的想法让朝云多次与朋友的关系日渐疏离，最终走向陌路。

如果将生活看作一场正在播放的电影，那么在朝云的心里，自己大概就是这部电影的女主角，电影里和电影外的每个人都在观看她的行为，探寻她的想法，她的每个举动都能引来其他人的讨论。

可事实上，生活这部电影并没有特定的主角，一般情况下也不会有旁人观看。因为每个人都是自己生活中的主角，每个人又都是他人生活中的NPC。

每个人在这世间行走，都在为自己的生活奔波，个中感受如何，或抱怨或享受，都只属于自己，而不是旁人。

人人步履匆匆，能擦肩而过，便已经算得上有缘了，哪里还会去做别人生活的观众呢？

记得还在大学时，我与室友走在学校的路上，看到一个女生蹲在花园旁边痛哭，哭声让人揪心。可我们只是说了句"她一定是遇到伤心的事情了"，再回头看一眼，便脚步不停地离开了。

当时路上有很多人，我听不到其他人说话，不知道其他人是否对那哭声有所关心，便频频扭过头去观察。可我只看到了匆匆而过的行人，都如我们一样未停脚步。

我们并非没有对陌生人的善意，也希望那个女生能够快点恢复好心情，但毕竟我们也有需要按时到达的目的地。

这件事情在当时只是一个小小的插曲，在我的心中并没有引起什么波澜。可是在后来，每当我害怕自己的行为会引起别人的注视和讨论时，就会想到那个哭泣的女孩。易位而处，我便明白："大胆点生活，你没那么多观众。"

其他人根本不会过多关注我的生活，我的行为在他们的心中不能引起丝毫波澜。因为旁人也有自己的目的地，没有成为我生活观众的空闲。

这一点让我拥有了更多展露自己的勇气，也改变了我因为害怕被注视、被讨论而束手束脚的性格。

02

大学毕业那会儿，我有一个同学想考公务员。她说自己的决心很坚定，为此她有两年没有找工作，只在学校附近找了能够寄宿的自习室，一门心思备考。

可即便决心坚定，也并不认为自己的做法有什么不对，她仍然难以对人启齿自己的备考生活。当别人问起她时，她总要找借口隐瞒。

这一度成为她焦虑的原因之一，尤其是与亲朋好友见面时。因为她害怕自己没有工作、一心备考的状态会引来其他人的指指点点，怕被别人指责毕业后不找工作、只靠家里，也怕自己的考试结果不尽如人意会引来别人的嘲讽。

她备考进行得不顺利时，甚至害怕听到别人谈论"考公"，因为她会觉得是在谈论自己，而自己又恰巧心虚。

她还特意嘱咐过我："不要告诉别人我考公了啊。"我自然对她的要求满口答应，可也忍不住提醒她，不要因为过于在意别人而内耗。

无论是毕业后就找了工作，还是暂缓找工作、准备公务员考试，都只是人生做的选择而已。

你只是选择了和大多数人走不同的路，没有好坏之分。

不同的路拥有不同的风景，每个选择都伴随着让你或开心或难过的历程。开心时对自己的选择庆幸一下，难过时对自己的选择复盘一下，然后重新看清方向，继续走下去。

独一无二的我们拥有独一无二的生活，若是回首便可发现，自己走过的路，是一条可以走到目的地的路。

关系再亲近的人也只是陪你同行一段而已，况且同行的人，也会对路上的风景有各自不同的感受。因此任何人都没有资格对别人的生活指指点点，换言之，也没有任何人拥有指点我们生活的资格。

我们每个人能做的，只是在人生转瞬即逝的时光里，用尽全力过好自己的生活。

一次下班回到家中，我打开手机，看到了一个感兴趣的话题，便顺手发了一条评论。

话题涉及两性关系，我明白身为女性的我，多少会对话题中的女性有更多的偏向和维护，可是我也自认为发表的评论还算中肯，并且没有对话题中的男性发表任何不好的言论。

可即便如此，还是有人用十分激烈的言辞回复了我的评论。如果在现实生活中出现这种言辞，必会引起一场争吵。为了避免争论，我没有回复。

我知道对方是因为有网络的虚拟外衣，才能说出那样难听的话，因此一直安慰自己没有必要为此感到气愤和难过。

可事实上，当天晚上我一直在回想那些话，不可避免地感到难过。这一晚上除了睡觉的时间，我一直在受其影响。

直到第二天，我又投入工作中，才发觉前一天晚上自己那么纠结实在是没有必要。

毕竟，当下繁忙的工作已经使得生活不是十分快乐了，如果还要因为不相关的人而让快乐再减几分，那岂不是太亏欠自己了。

03

我在网上看到过一个帖子，博主说自己明明是一个分享欲十分旺盛的人，可是日常琐碎的生活片段却只敢发给一两个亲近的朋友，就连朋友圈都严格地设置权限，只让为数不多的人看到，在微博上分享生活，更是在每次发布后，马上就从分享的喜悦变成了等待被人批判的焦虑。这让她感到疑惑，分享是否真的能带来快乐？如果不能，还有必要继续让人焦虑的分享吗？

刷到这个帖子，我立刻想到了自己。

刚刚注册微博后，我完全不会发布内容，每次刷到别人的自拍或者对生活的分享，便觉得十分羡慕。

我也有分享的欲望，可惜没有分享的勇气，我十分羡慕他们拥有这种勇气。

我也询问过自己：你到底在害怕什么？

害怕分享痛苦，给别人也带来痛苦？害怕分享快乐，收到别人阴阳怪气的评论，然后自己变得难过？

这种害怕生生地将想要分享的喜悦，变成了是否要分享的纠结。就这样一次又一次，让自己的快乐大打折扣。

事实上，分享哪里是需要勇气的事？

你分享的故事并不像你想象的能影响那么多人的心情。他们只是随手刷了下手机，顺便在网上看了个故事，随意且不负责任地写下了自己当时的想法。这个想法是他们在没有完全了解你的情况下产生的，过后也未必还记得。也就是说，别人只是无心地评论了一下并非真实的你，你若为此牵动太多情绪，实在是大可不必。

路人的手指接触屏幕的下一秒，你的故事就从他们的眼前划走了，你的生活片段也会被他们转眼遗忘，并不会引起丝毫波澜。

那么你又何必去给自己增加这么多没必要的心理负担呢？

我将我的想法分享给了那个帖子的博主，希望她能够减少自己的心理压力，勇敢无畏地生活。

人只能活这一次，不要内耗。

大胆一点生活，你真的没有那么多观众。

一生不喜与人抢，
该得到的也别让

～～～

01

看电视剧《三十而已》，前期我最不喜欢的角色就是钟晓芹。令我印象最深的一幕，就是钟晓芹刚到公司，到工位上还没来得及坐下，就听见同事喊她："晓芹，你那有针线吗？"

她十分热情地回答："有！"然后她打开自己的抽屉，里面放满了针线盒、毛线团、胶棒、美工刀等小物件。

她跑过去把针线盒递给同事，又跑回工位。还没坐下就又有同事喊她："晓芹呀，你不来这个咖啡机都没人搞得定啊，吃包子噎死了，你快点去弄一下呀。"

钟晓芹马上回答："马上！"然后又马不停蹄地跑去修咖啡机。

刚刚弄好咖啡机，旁边的同事又找她要坚果夹子。钟晓芹一句"等着啊"，就拉开她的小抽屉给别人找夹子。正跑去送夹子时又有人喊："晓芹，监控器。"

……

短短几分钟的时间,听见各种不同的"晓芹"声,看见钟晓芹在公司里不停地跑来跑去。

不会拒绝别人的人,总是一味地顺从,却忽略了自己的感受,好像成了被别人操控的木偶,失去了自己的灵魂。

这样的人看似得到了每个人的喜欢,减少了人际交往的摩擦,却往往将自己的生活弄得一团乱。

被动地迎合别人的要求,不袒露自己的感受,久而久之,只会磨灭自己的棱角,加重自己的负担。

他人对你尊重,从来都不是因为你顺从。

我对钟晓芹的表现十分生气,差一点因此弃剧。还好剧里有钟晓阳替我说了我想说的,我简直要抱着手机大喊:"钟晓阳,你就是我的嘴替!"

公司轮岗,钟晓阳要离开时与晓芹告别,刚好又遇到有人让晓芹帮忙做什么事,晓芹想也没想就立刻答应了。

钟晓阳问她:"你有没有对办公室的人——随便谁都行——说过一个'不'字?"

晓芹摇摇头。

钟晓阳继续对她说:"择日不如撞日,说一个试试。"

"一个不知道拒绝的人,所有给予都是廉价的。你说个'不'字,看看地球会不会爆炸。"

于是晓芹真的对那个请她帮忙的人说:"我不。你自己去拿吧。"

同事奇怪地问她:"为什么呀?"她干脆地说:"因为我不顺路。"然后就快步走开了。

看到这里,我的心情一下子豁然开朗,赶紧加入了弹幕大军:"爽!!!"

拒绝别人,只说一个字就可以做到,没有想象的那么难,你可以现在就试一试。

学会说"不",敢于拒绝所有不合理的要求。

只要是让你感到不喜欢的请求,你都可以出言拒绝,毕竟拒绝别人是你的合理权利。

拒绝与被拒绝,都是人际交往中再平常不过的事情,不用把它们想的那么严肃。

我们要在人际交往中照顾好自己,不用去讨好任何人,自己的感受才是最重要的。我们的情绪和精力应该只为自己服务才对,别人不值得你去委屈自己。

真正值得珍惜的关系,一定经得起你的拒绝,也不会因为你拒绝而变质。当有人说出了一些让你感到不适的要求,就是在为难你了。而真正在意你的人,是不忍心为难你的。

所以,该拒绝时就拒绝,真的没关系。

02

沐沐给我发了几张聊天截图,得意地说:"还可以吧,三天拿到无故辞退赔偿金。"

我有点吃惊:"嗯?什么情况?"

沐沐说:"主管说我所做的工作不适合公司,把我辞了。"

前几天沐沐有事,请了一天假,在假期收到主管发的辞退自己的消息。

沐沐对我说:"我第二天到公司后才知道,裁掉的不止我一个,而且都是突然通知的,连理由都一样——工作不适合。只结算工资,没有补偿金。"

沐沐当即联系主管,表示自己接受不了这样没有任何提前通知的辞退。

主管对她说:"你经常在工作中出现一点小问题,所以不太适合我们公司,你的工资会结算给你的。"

沐沐据理力争:"我的工作并不是由我一个人完成的,还需要别人的审核和签字确认。以前你从来没有和我沟通过我的工作方式有问题,也没有提前通知我公司要换人。我请假时你都不告知我,却这样突然通知。反正如果没有赔偿金,我就去投诉或者申请仲裁。"

主管有点心虚:"那就当我现在通知你了,你干一个月再走。"

沐沐说:"现在反悔没有用,我已经被辞退了,有权不听你的安排。我只有一个要求——按照法律赔偿,否则就去申请仲裁。"

主管有点慌:"我需要和老板申请一下,你的工资先结了吧。"

沐沐才不上当,马上就说:"不用,工资和赔偿金不冲突,一起结了吧。现在公司财务应该还在上班,我希望能够尽快按照法律赔偿,不然明天我就去劳动局申请仲裁。"

主管无奈妥协:"……好,我叫财务跟你核实一下工资加赔偿金额。"

我笑着说:"你们领导答应得还挺利索。"

沐沐说:"是我争取了,他才这样。被辞的人里只有我拿到赔偿金了。"

我有点奇怪:"其他人呢?"

沐沐恨铁不成钢地说:"我本来想和他们一起找主管说这事儿的,结果他们直接收拾东西走了。有的人反过来劝我别和公司杠上,免得影响下一份工作的背调;有的人则是怕麻烦;有的人说干了挺久了,不好意思要。我都要被他们气死了。"

面对相似的情况,选择不同,结果也各不相同。有的人选择正面应对,积极争取自己的利益;有的人选择忍让,避其锋芒。

选择忍让的人,尽管内心有很多挣扎和不甘,还是会在自己安慰自己的各种理由下沉默不言。他们的内心总是有很多顾忌:顾忌他人的眼光,害怕自己成为他人眼中贪婪、跋扈、强势的人,害怕被人说"不知天高地厚""不知自己几斤几两";顾忌争取会遭遇失败,害怕对自己的未来产生伤害,他们模糊地丈量着自己争取利益时的付出和真正能够获得利益的多少，认为得过且过似乎是最佳选择；更有甚者，顾忌其他当事人的感受，不敢主动争取，就算主动争取也总会产生莫名的愧疚感，好像自己是在抢夺他人的资源。

沐沐说的一句话我很喜欢："不争取，怎么能知道自己会不会胜利。"

"不争不抢、老实本分"本是值得称赞的品质，可是"不争、不抢"的同时，也该"不让步"，才能免于被欺负。

没有底线的让步，就是一种懦弱。

不要为了换取一时的安宁，就纵容他人侵犯自己的利益。

你的正当争取并不会损害他人的利益，别人也没有那么脆弱。谁的人生谁负责，对得起自己才是最重要的。

你只是想发光而已，又没有熄灭别人的灯。

该自己得到的东西，主动争取并不丢脸，也不是贪婪。

如果有人因此问你："你怎么什么都想要？"

你可以很肯定地告诉他："不，我只想要我该得到的而已。"

03

同事的妹妹刚毕业找工作，想在我以前住过的一个地方租个房子。同事问我："你以前在那边租过房子，是不是？有没有啥经验啊？"

我说："那都多少年的事情了。合租可能会遇见奇怪的人，让你妹妹做好这方面准备。"

我合租的第一个对象是一个以前不怎么熟悉的校友,因为都在附近工作,就一起租了房子。

她搬家时什么都没有准备,连衣架都是向我借的。她喜欢做饭,但是厨房用品连一个碗都没带,煮饭的锅、炒菜的锅、调料等通通都是用我的。

有一次我下班回去,想做饭却发现我的锅被用过,而且还没有洗。我难以置信,问她:"你用完怎么不洗?"

她说:"我白天太忙了,吃饭都没时间,给忙忘了。"

我的火气腾地一下上来了,本想说:"你有时间吃饭却没有洗锅的时间了?何况这是我的锅!"但为了避免吵起来,我忍了忍,只说:"下次不要用我的东西了,你自己买口锅吧。"

她一副受了委屈的样子,但还是点头应下了。

结果我第二天回去,发现我的锅还是被用过,还是没有洗。我冲到她的房间门口问她:"你为什么又用我的东西?而且你用了别人的东西都不洗吗?"

她有点不好意思地说:"我以为你会晚点回来……你就再借我用一下吧,我的锅得过两天才能到呢。"

我真是忍不了了,脱口而出:"不可以!你现在就去买吧。"

她见我是真生气了,只好出去买了一套厨具。

有一段时间,我发现自己的洗发水用得好快。当时觉得自己的发质有点差，我还破天荒买了很贵的牌子用。我看着自己手里的半瓶洗发水，想着贵的真不经用，下次还是买便宜点的吧，不然钱包保不住了。

因为家里有些事情，我回去了几天，再回到出租屋的时候，发现洗发水又下去了一半。我问她："你不会是一直用我的洗发水吧？"

她却满不在乎地说："我的洗发水没了，就用过几次而已。"

"而已？我自己都舍不得用呢！你没有了不会去买吗？"我气得冷脸，"不问就视为偷。你以后别碰我的东西，所有的东西！"

从那次之后，我几乎再没与她说过话，很快搬走了。

我们之间的争执看似都是日常生活中的小事，也有朋友劝我，没必要因为这些和室友闹僵关系。我也试着缓和过关系，但亲身验证这种做法是错误的。

生活本来就是由各种鸡毛蒜皮的小事组成的，一件事情是否有必要在意，全看它能产生的影响有多大。借口锅、借用一下洗发水、借几个衣架，这些看似都是普通又平常的小事，本不值得计较。可如果这些事情对生活造成了困扰，那它们就是眼下要解决的大事。

在这些事情上，宽容是教养，计较是本分。

电影《教父》中有这样一句台词："没有边界的心软，只会让对方得寸进尺；毫无原则的仁慈，只会让对方为所欲为。"

善良有尺，退让有度。

对别人宽容是自己的涵养，偶尔的计较是对外的底线。

善良和友好是免费的,但不是廉价的。有时候,退一步不是海阔天空,而是对方的得寸进尺。

你若善良得毫无保留,旁人就会坏得肆无忌惮。真正的善良,随和且有棱角,柔软且不失锋芒。

我们既要有不伤害别人的教养,又要有不被别人伤害的锋芒。

因为善良,要留给值得的人。

任何消耗你的人和事，多看一眼都是你不对

01

很久不联系的晓晨忽然发来信息："我要去北京玩几天，能不能去你那儿住啊？"

我想了想，回复她："可以啊，来呗。"

在老家有很多与我爸爸相熟，但我却不怎么熟悉的叔叔伯伯们，晓晨就是他们其中一位的孩子。我与晓晨只见过几面，但父辈相熟，我们又是同龄人，她既然提出要来，我也不太好意思拒绝。

她到北京的第一天，我带她一起吃了顿火锅。我们的菜都上来以后，只听隔壁桌正在点菜的人叫来服务生验了团购券，我才想起还有团购这件事。

晓晨懊恼的声音在我对面响起："哎呀，我刚刚看了团购更优惠，亏了。"

我安慰她说:"没事儿,我们这样单独点菜,能吃到自己喜欢的。"

但她仍然是闷闷不乐的样子。之后,这种低落的情绪持续了整个饭局。

我们在一起的几天时间里,她的低气压时不时就会出现。每次她情绪不好,我都要安慰她很久。

一天晚上,我们一起在小区周边散步,走的是人行道。因为聊得有些嗨,两个人打打闹闹地往前走。

这时,有一个骑车的大爷从我们身边经过。我们都没有注意到他,晓晨突然跳着往大爷身边凑近了一些,大爷来了个紧急刹车。因为向前的惯性,大爷往前倾了一下。我们俩都吓了一跳,连忙准备说对不起。

大爷站住了身子,没等我们道歉,张口就骂了我们一句:"有病啊!"然后就骑走了。他都走远了,我们还能听见他的几句骂声。

晓晨肉眼可见地丧了下来。我赶紧和她说:"没事,这有什么?我们又不认识他,他骂就骂了。想好我们一会儿去吃什么宵夜了吗?"

晓晨闷闷地说:"我不想吃了,完全没胃口了。"

一整个晚上,她都在因为这件事情不开心。

她离京之前对我说:"明天我们一起去做个美甲吧,正好我后天就回去了。"我心里警铃大作,很害怕明天又有什么事情触发了她的低气压。

美甲的颜色、样式都是她自己选的。做好之后,她问美甲师:"是不是有点显黑呀?"美甲师没有马上回答。我赶紧说:"不显黑呀,挺好看的。"接着美甲师也反应过来,应和着我。

回去的路上,晓晨完全没有刚刚做完美甲的开心,一直说:"是不是真的挺显黑的?你看,就是显黑。"

我再怎么和她说"不显黑"都没用,她仍然闷闷不乐。

第二天一早,她离开了,我竟然有一种胸口积压的石头被拿走的感觉,着实松了一口气。

晓晨在的那几天,我的心情也不免受她影响,跟着沉闷和低落,有时还伴随着烦躁和麻木,整个人都变得丧而消极起来。

她离开之后,我好像能感觉到风重新在我周身流动起来,压抑和忧郁的气氛被冲散了,阳光重新照射了进来。

总是抱怨生活、浑身充满负能量的人,会以一种名为"消极"的病毒感染你,消耗着你的能量。

人的能量有限,不要让负能量的人稀释你对生活的热情,一定要远离那些消耗你的人。

健康的关系,不会一直让人感到累和疲惫。如果你遇见一个人让你持续性地陷在负面情绪里,那就是情绪在提醒你,这个人与你是不合适的。

不是说他是不好的人,只是他不是适合与你在一起的人。

如果一个人总是激发你的负面情绪，而你又无法改变这种状况，那么离开他也许是你最好的选择。

这世界上人来人往，请与和你合拍之人共度，与消耗你的人保持距离。

02

周六闲来无事，我躺在沙发上打开抖音，看到阿秋发了新视频。她说："咱来尝试点不一样的。"

视频中她的穿衣风格与以往有很大不同，多巴胺配色的衣服，亮眼明艳，头上是粉红色的假发，脸上刻意做出可爱的表情。

我眼前一亮，想要给她评论一句："好可爱！"

但我点进评论区，却看到了一些充满恶意的言论。我还没来得及为阿秋感到生气呢，她对恶评的回复就治愈了我。

评论甲："好装啊。"
阿秋："我就是在装哎，一点也不自然吧？我自己也这么觉得。"

评论乙："都三十了吧，还扮可爱呢。"
阿秋："我都三十五了！果然这套显年轻。"

评论丙："你还是换回去吧，这风格真不适合你。"
阿秋："我也觉得还是之前的风格更适合，你懂我！"
……

第二天我去找阿秋聊天。阿秋对我说："我昨天发的多巴胺那套，又捅了马蜂窝了。"

我不以为然地问道："捅哪的了？"

她说："家里呗。我发朋友圈了，我姑她们又去和我爸说我不务正业了。"

我刚想安慰她，她就继续说道："不过换换风格还挺新鲜的，下回我多试几套不一样的……"

我闭嘴了。

阿秋做自媒体这件事，一直没得到家里人的支持，始终有人对她说这个职业不安稳又没保障，让她踏踏实实找个班上。

我问她："你没想过听他们的吗？也省得看网上那些不好听的评论了。"

这次换阿秋满不在乎了："他们又不过我的生活，管他们做什么？而且网上没那么多不好听的啊。"

"昨天那些难道还不多吗？你不还回复了吗？"

"嗯？那些又不是恶评。"

"……好吧，你说不是就不是。"

生活中总有很多纷纷扰扰，影响着我们为人处事的选择，阻碍了我们前行的路。

有时候，对于他人的态度不需要那么敏感，因为那只代表了别人的价值观，不应该影响我们自己的选择。

当你过于在乎别人的话语，极力寻求他人的认可，你的情绪和想法就被别人左右了，时间和精力也被外界消耗，这样难免觉得疲惫茫然。

内核稳定的人，会守好自己的本心，坚定自己心中所想，屏蔽他人的评价和无用的信息，也适当地给予反击，积极地过滤负面情绪。

毕竟，99%的人与你都是匆匆相遇又匆匆错过，无需费力向他人证明自己，更不用试图去说服旁人。

不要为无谓的人和事辗转反侧，止步不前。

世界是自己的，与他人毫无关系。

要找到自己生活的关键，然后在这个基础上删繁就简。重要的事情值得关注，其他的可以适当忽略。

山高水远，把时间和精力都留给自己。任何消耗你的人和事，多看一眼都是你不对。

03

《少年的你》上映时，我和小琴一起去看。从影厅出来后，周围充斥着观影的人对于电影的讨论声，有人感叹校园暴力可怕，有人说电影情节太夸张了。

小琴突然说："电影一点也不夸张，现实就是这么可怕。"

接着她告诉我，她之前就经历过校园暴力。

我很惊讶："嗯？难怪电影一开始你就哭了……"

小琴悠悠地说："只是很久没有再想那件事了，看这个又想起来了而已。"

小琴上初中的时候,有一年是在外地上的学。她到那所学校之后,一开始交了一个很好的朋友。可是不知道从哪一天开始,她的朋友渐渐地疏远小琴。小琴想融入其他人,那个人却拉着其他人孤立、欺凌她。

她说:"我问她原因,她说是因为讨厌我。可我不知道哪里让她讨厌了,可笑我一开始还想着改一改。"

她问我:"你知道她做的最过分的事是什么吗?"

还没有等我回答,她就接着说:"她偷拍了我洗澡的照片,然后发到了群里。"

我一时难以置信,惊讶地问她:"你有没有告诉你爸妈这件事?"

她说:"告诉了呀。可我爸觉得别人不会无缘无故欺负我,肯定有我自己的原因。他不想因为这个事儿去找老师。"

我顿时有点无语:"那后来呢?"

"后来,没什么变化。"小琴说,"只不过一年之后我就转走了。到现在我也不知道她讨厌我哪里,不过这也不重要了。"

我抱了抱她,说:"你很好,讨厌你是她有问题。"

她笑着拍了拍我:"当然了。我知道自己是个很好的人,而且我后来遇见的你们都对我很好。"

我想到之前看过的一个小故事:皇帝的孩子和大臣的孩子在一起玩。趁着小皇子不注意,大臣的孩子从后面踢了他一脚,并大笑着说道:"哈哈哈,以后你成了皇帝,我就是踹过皇帝的人了。"

小皇子对此很生气,去找父皇,想要惩治对方。结果皇帝并没有责怪那个孩子。他对小皇子说:"他是因为预见了你未来的成就高于他自己,就在你成长起来前欺负你,以证明他厉害。但这也正说明了他不如你的事实。"

只有注定不如你的人,才会无缘无故欺负你。如果你曾经被某人欺负过,那一定是因为你身上拥有他求而不得的东西。

被人讨厌或被人欺负,不是因为你不好,也许恰恰是因为你太好了。所以别怀疑自己,也别纠结于过去。

常记痛苦只会消耗现在,痛苦的唯一作用就是避免重蹈覆辙。不必将所有人都请进你的生命里,遇见一些人和事只是为了提醒你及时止损。如果伤害已经是既定事实,就将这痛苦埋葬在过去,不要将过往的痛苦带到现在,更不要带去未来。

往前走,别回头,一切都会慢慢变好的。

过去的时光里,有人见风雨,有人见星辰。
不过都一样,已经翻篇了。
第二天睁开眼睛后,阳光会重新照在你的身上。
把昨天忘掉,一切都是新的开始。

留不住的时候，
该放手就放手

01

手机视频通话的铃声响起。接通电话，涵涵哭着对我说，她的男朋友不理她了。

前段时间他们吵了一架，之后就开始冷战。冷战有半个月了，涵涵还一直等着对方先和自己道歉，结果道歉没有等到，却等到了男朋友和其他女生的亲密合照。

他们的共同朋友问涵涵："你们为啥分手了？"涵涵很诧异："我们没分手啊。"

朋友将涵涵男朋友的朋友圈截图发给她看。原来，她的男朋友带着另一个女生出去玩了，两人在照片里表现得很亲密。

朋友不好意思地对她说，以为他们已经分手了，那个女生是他新的女朋友呢。因为朋友也问了她的男朋友，而对方并没有否认。

涵涵生气地去质问男友，给他发了很多消息，甚至最后都变成了恳求。但这些消息都石沉大海,对方一直没有给她任何回应,既没有解释,也没有明确分手。

涵涵哭着对我说:"这算什么?我不能接受这样的分手!"

在爱情里,当一方已经想要离开,还停留在这段感情里的一方往往会遍体鳞伤。

有些人总是单方面地迷失在一份求而不得的感情里,即便有很多人劝告他这份感情已经留不住了,他仍然心存一丝幻想,总想着只要努力、坚持,就能挽回对方的心意,他不相信对方可以将这段感情说放弃就放弃。

可事实上,没有哪段感情会突如其来就被放弃,只是你全心全意在爱,看不到他早已试图远离。这时候再怎么卑微地挽回,在对方看来都是无尽的纠缠和烦恼。

只有爱你的人才会关注你的情绪,在乎你的眼泪;不爱你的人,纵使你再祈求,他也不会有丝毫留恋和动容。

爱你的人,你不必强留,他自然会在你身边;不爱你的人,强留亦留不住,不过徒增伤害而已。单方面的付出和努力维系不了两人的关系,爱情应该是双向奔赴,而不是一个人放低姿态。

对于留不住的人,试图挽回不过是自欺欺人。

对于抓不住的东西,连伸一下手都是多余。

02

我在某个分享平台上看到一个女生说:"我删除了交往十年的朋友。"

她与朋友A上学时就一直在同一个学校,工作之后又到了同一家公司工作。她们俩在工作上也是搭档,几乎形影不离。

工作的前两年她们很合拍,直到不久前一起做了一个项目。

她是项目负责人,负责制订策略和统筹各部门之间的协调配合;朋友A则负责项目落地。

由于这个项目有部分地方设计不合理,期间她们收到了负面反馈。她建议朋友A在收到反馈后的两天进行适当修改,但是她一直说问题不是出在自己这里,对她的要求很不满。

事情已经发生了,她还是让朋友A适当地修改一下方案,让客户满意。

后来她们的团队重组,可能会出现裁员的情况。就在这个时候,她得知自己被举报了,有人说她在工作期间做私人的事情。

能够用这个理由举报她,还能讲述事情发生细节的人只有朋友A,因为事情是她们闲聊时随口提的。

事实上,她做私人事情是在下班后,并不是在工作时间。她知道这件事后立刻开始收集证据,自证清白。

但是因为这次投诉,她仍然处在可能被裁员的名单里。

她说:"我日常处事很小心,没想到栽在我这么多年信任而依赖的朋友手里,还一栽就是在如此要害的地方。"

事后她拉黑了朋友A的所有私人联系方式，删除了与她相关的所有东西，包括照片、朋友圈等。

　　友谊好像一个保护罩，裹住了相交的朋友们。有一天，其中有人想离开了，于是他挥拳试图打破这个保护罩。当保护罩变得破破烂烂，有人选择缝缝补补，有人选择一脚踹碎，顺便再扔远些。

　　背叛你的虚伪之人不值得半分留恋，更不值得你为他感到痛苦和遗憾。如果你已经做到了毫无保留地付出，那么你可以心安理得地离开。因为他在决定背叛你的那一刻，就已经权衡利弊，放弃了你们的友谊。

　　对于轻易失去的东西，不必太过遗憾，它没有让你紧紧抓住的价值。

　　不要因为一段情谊失败而陷入自我怀疑，待人真诚没有错，应该是对方遗憾没有好好珍惜你的真心才对。更不要害怕重新开始，因为这一次你不是从头开始，而是从有了经验开始。

　　人生最勇敢的两件事，一是能够潇洒地把不值得的东西远远抛离，二是在经历背叛和欺骗之后仍拥有爱与信任的能力。

03

　　"这下我舒服多了呀……"晨晨瘫在我家沙发上感叹着。

　　"发生什么好事了？"

　　"我终于从'大家庭'那个群退出了！还拉黑了我那个表舅。"

晨晨说的表舅，是她妈妈的远房亲戚，一直和她家往来比较多，时常到她家走动。

表舅有一个比晨晨小几岁的女儿。他自女儿小时候起就拿她与晨晨比较，女儿工作之后他更是变本加厉。

他女儿考上了晨晨老家的公务员。那之后，他每次见到晨晨必会说上一句："晨晨，不趁着最后这几年也考考吗？外面的工作都不好。"

晨晨有时只当没有听见他的话，不回答，有时会回他一句："我的工作挺好的。"

但接着他又会说："哪有公务员好啊？你考一下试试，没准就跟我闺女似的，考上了呢。"

晨晨对我说："我不说话，他就一直夸他闺女，贬低我。我稍微怼一下，他就在群里说我有脾气了，和长辈说话冲，然后一帮人出来教育我。"

最近，晨晨的家族群里又多了一个话题，那就是催婚。在晨晨透露出自己不着急结婚后，就好像在家族群里扔了个火种，点燃了已经埋好的炸弹，她一下子成了被轰炸的中心。

亲戚甲："你都三十多了，再拖几年，就只能找二婚的了。"

亲戚乙："不结婚？那可不行啊。你老了怎么办啊？"

亲戚丙："你想想等你老了，生病住院怎么办？连个照顾的人都没有。"

……

晨晨的爸妈本来对她的婚姻问题的态度还比较佛系，但是看见其他人的话，再加上那个表舅对他们说"她现在再不结，等过两年就和那谁谁（同村的一个在外地工作的姑娘）似的，成了没人要的老姑娘了"，态度也开始动摇。

晨晨的舅妈甚至在晨晨拒绝相亲之后，想要带她去看看心理医生。他们认为晨晨是心理有问题才会有不婚的想法。

晨晨不胜其扰，昨天半夜往群里发了最后一条消息："请大家不要再为我的情感状况操心了，我不会因为不结婚就活不下去。另外，我拒绝所有相亲和介绍对象的安排。谢谢。"接着她就退出了家族群，还一并把讨厌的表舅拉黑了。

晨晨问我："你说他们是不是闲得没事干了？"

我笑道："也许他们是真的关心你呢。"

晨晨嗤笑了一声："拉倒吧。我们家遇到事找他们借钱的时候，他们怎么不关心我了呢……"

家族群本来是为了让长时间不能见面的亲戚们，有一个互相关心和交流感情的平台，可是现在大多数家族群却变了味道。

很少有人在里面分享自己的日常，偶尔分享一些事，也难以得到正面的回应。

大家更热衷于在里面攀比、八卦、教育后辈，只有遇见一些需要他们一致对外的问题时，群里才会热闹起来。可惜，这时作为小辈的我们，一般都是话题的中心，而热闹是属于他们老年人的。

明明他们并不怎么关心你平常的生活，可是事关你的一些重大人生选择，他们又总是跳出来以长辈的口吻教育你，你的任何解释都变成了顶撞长辈、不懂事。

如果你家刚好也有这样的亲戚，你恰好也在类似的家族群里深受其扰，不妨像晨晨一样干脆地屏蔽或者退出。

不要因为所谓的亲情羁绊而内耗，你也没必要用亲情来绑架自己。

与你成为亲戚，是因为无法割舍的血缘，可是血缘远近并不能决定这个人对你好或不好。有些亲人不是真的关心你，只是在你这里满足自己的某些欲望罢了。

让你痛苦的亲人，与其他消耗你的人并无不同，离他们远一点吧。

第四章

**心动只是缘起，
心定才是余生**

心动只是缘起，
心定才是余生

01

玥玥给我发消息："我要结婚了，下个月记得来参加我的婚礼。"

我被这个消息砸得发蒙，赶紧看了眼头像，是玥玥没错。但是我仍然不敢相信，问对方："你是玥玥吗？"

"当然是我，不然还有谁？！"

"你啥时候谈的恋爱啊？"

"上个月谈的呀。"

"还不到一个月，就准备结婚？"

"对啊，爱意的深浅又不在于时间的长短。"

我觉得她是一时太上头，过于冲动了，问道："对方是何方神圣，能让你心甘情愿从此洗手做羹汤？"

玥玥秒回："一个'高富帅'，哈哈。"

我更觉得不靠谱了，这肯定是一时上头！于是我略带担忧地问道："'高富帅'？靠谱吗？"

玥玥发了个放心的表情，说道："当然靠谱了，他对我特别好。"

我还是不死心，继续问道："你们相处的时间这么短，你真的了解他吗？能相互适应对方的生活习惯吗？"

玥玥发了一条语音过来："他什么样子我都喜欢。习惯什么的，婚后再适应也一样。"

不知道现在说合不合适，我犹豫了一下，还是打下两行字："你真的想好了吗？结婚可不是小事。你了解他的家人是什么样的吗？"

玥玥又甩过来一条语音："哎呀，你放心吧。我好不容易找到一个'高富帅'，只要他对我好就行了，我又不是和他的家人过日子。"

对男方的具体情况一知半解，玥玥却一再说着"他对我很好""我喜欢他"这样的话，与对方快速步入婚姻。既然拦不住她，我只好真心祝她嫁对了人，赢得一生幸福。

很多人将结婚比作一场赌博，那么闪婚就是盲赌，全凭着一腔意气拼拼运气，在开始的时候，谁也不能确定结局是输是赢。有幸运的人，自然就会有不幸的人。

在感情里，总是相爱容易相守难。爱情可以冲动，结婚却不能。因为相爱是两个人的事情，结婚却是两个家庭的事情。

两个人爱得再热烈,也请留出一段近距离相处的时间,了解对方的脾性、三观、家庭等细节。

一个人想要在短时间内将自己包装成爱你的样子,是很容易的。只有经得起时间和各种考验的关系,才能长久。

我们都是普通人,结婚不是可以随时停止的游戏,以婚姻和未来作为赌注,成本太高。婚姻不该是赌注,而应该是深思熟虑后的彼此相守。

心动只是恋爱的信号,但不是结婚的唯一决定因素。

02

上次回家时,我和堂妹、堂妹的闺密在饭后聊天。堂妹的闺密已经与男友在一起五年了,还没有结婚的打算。父母不停催婚,她不胜其扰,说:"真不知道他们怎么那么急着让我结婚,我多谈两年恋爱,好好享受一下,不行吗?"

堂妹打趣道:"结婚了再享受呗。"

闺密抓狂地说:"我还没听谁说过结婚的好处呢,享受什么?"

堂妹却认真地回答道:"结婚挺好的,比谈恋爱好。"

堂妹在一众姐妹之中算年纪小的,偏偏结婚最早,她也是我身边第一个肯定地说"结婚比谈恋爱好"的人。

堂妹是在外地上的大学,与她老公是在大学期间认识的。不过毕业后,堂妹回到了老家这边工作,男友则留在了当地工作。

他们谈了几年异地恋爱,因为工作性质,堂妹不能轻易改变工作地点,而对方也在当地拥有稳定的工作。当时还有人因为两个人长期异地劝过堂妹分手。

在堂妹父母最反对他们感情的时候,她男朋友来找了她一次,对她和她父母说,只需要再有一年左右的时间,他就能够申请调动,一定会来到她身边。

堂妹想起刚谈恋爱的时候,自己就曾问过他:"如果我们俩的工作地离得太远,怎么办?"

他说:"不会的,我跟着你走。"结果刚毕业后,他并没有真的跟着堂妹走。堂妹以为那时他不过随口一说,不承想他一直在心里计划着他们的未来。

尽管异地几年,最终,他还是跟着她来到了我们老家。

能够在未来与你相伴的人,会提前将你规划进他的未来。

能携手并肩走下去,不单单是因为相互喜欢,也不仅仅是因为荷尔蒙驱使下的承诺,而是由于对余生彼此的认定。

你可以很轻易地对某个人产生好感,他的某一点独特的气质、某一种良好的品行、某一个突然的动作,都可能让你产生心动的感觉。

但心动只是某一刻的朦胧好感,不足以支撑双方走进彼此的未来。心动只是缘起,心定才是余生。

在撩起生活风花雪月的面纱,露出柴米油盐和鸡毛蒜皮的现实内里之后,仍有携手相伴余生的决心,才是能够共度一生的真谛所在。

03

那天在公司里听同事们聊天，洋洋和栗子讨论着恋爱的话题，洋洋突然说道："什么'如果你四十岁了还没结婚我就娶你'，这话也太渣了吧。"

栗子反驳："哪渣了？这不是说明男生本来就有点喜欢女生吗？这是变相告白好吧。"

洋洋却不屑地说："这分明是要稳住对方，给自己留备胎呢。"

……

洋洋的话让我想到了《何以笙箫默》里的何以琛。

"备胎"这个词，何以琛从没考虑过。赵默笙离开的七年时间里，他身边从不缺喜欢他的人，他却从没给自己和别人留下任何机会。

何以琛在电视台做特邀嘉宾，何以玫采访时问他："你心目中未来的太太是怎样的？"何以琛想要跳过这个问题，可何以玫坚持追问。

何以琛说："你知道的。"

在路上只有他们两个人时，何以琛对何以玫说："如果世界上曾经有那个人出现过，其他人都会变成将就。我不愿意将就。"

何以琛没有提到赵默笙的名字，但屏幕内外的人都知道，那个人就是赵默笙。

有些人对于人生的另一半是什么样的，并没有一个清晰的界定。在他们的心里，并不是非谁不可，只要与内心预设的条件相差不大，而自己刚好又不讨厌，似乎是谁都可以。所以他们在这件事上，将条件放得极为宽松："如果到了××岁，我们还都单身，那我们就在一起。"

这样看似给了两个人自由的空间和托底的保障，可也同样代表着"你没那么重要，我不是非你不可"的明确表达。

在何以琛的心里，爱情有着不可替代性，"不愿意将就"是他对感情的态度。即便赵默笙七年没有音信，他们之间也误会重重，他仍然坚定地等她。

何以琛因胃出血住院时，何以玫带着赵默笙到他家拿换洗的衣服。何以玫告诉赵默笙，何以琛曾将自己当作了她，嘴里一直问她："你为什么还不回来？"

何以玫随手翻开了他书房里的一本书给赵默笙看，那本书的扉页上写着"悄悄是离别的笙箫，沉默是今晚的康桥"——这是赵默笙向何以琛介绍自己名字时说的话。

何以琛对赵默笙七年的思念和等待，在这一刻呈现在了赵默笙的面前。

你是唯一，是不可替代，这才是最好的爱。

认定一个人，就是无论发生什么情况，我的心里只有你，我的未来只想和你在一起。

两个人在一起，不是权衡利弊后的无可奈何，不是一瞬心动的盲目选择，而是坚定不移地双向奔赴。

哪怕万里远途，也会背起行囊一起走，你们永远是彼此的心之所向。

拥有专一且明确的爱，是一件很酷的事情。

一个人的身边也许有很多优秀的人，也许有很多看似各方面都合适的人，可是让自己认定的、不将就的人，能够遇见一个就是极幸运的了。

很难说我们认定的那个人是最好的，但你一定觉得他比其他人都好。

人生很长，世界很大，总有一个人值得你温柔而坚定地选择，而你也值得被他同样对待。

爱是什么呢？

是在熙熙攘攘的人群里，对方把温柔和偏护都留给你。

爱能有多爱呢？

因为那个人，你对旁人的冷漠和疏离都有了理由。

我们都是独一无二的存在，值得拥有一心一意的爱。

爱在细节里，
不爱也是

01

在"什么时候，你深刻地感受到自己被爱着？"这个问题下，沫沫从恋爱伊始持续分享至今，详细记录了自己与老公的相处细节，每一次分享都描绘了她感受到被爱的瞬间：

一天，我工作闲下来后，给当时还没和我结婚的他发了十几条长语音，都是没有什么意义的碎碎念，当时也没有收到任何回复。

直到很晚了，加完班的男友让我早点睡。互道了晚安之后，我就丢下手机睡了。第二天一早醒来，才发现昨晚他还发来了一段长消息，是对我碎碎念的回复。

他说："不是之前不回你的消息，是怕让你睡得太晚了，所以等你睡着了再回你。怕消息提示音打扰你，所以就发了长消息。"

在我们还没有买车的时候，我上班坐公交车，每天都要步行到公交站，我老公则是骑自行车上班。

有一天早上，我与老公吵架了，他生气地出门了。我心想，因为吵架自己赶车肯定晚了，于是一边骂一边着急地往外跑，急得不行。

结果刚刚出了小区，就看到他正等在路边，虽然还是气呼呼的，但把我送到了公交站。

老公出差，我给他打电话说个不停，他时不时地在对面应和一下。他说的话不多，但我的所有话他都会回应。

通话进行到快一个小时的时候，他突然大笑起来。我问："我说了什么好笑的吗？"

他说："你居然能不停地说这么久，哈哈哈。"

我有点不好意思："很烦吗？你嫌我不好好听你说话了，是吗？那我改改。"

他忙道："没有，不要改，你这样我很开心。"

我："我想吃橙子了。"

他："你想想得了。"

第二天，家里就出现了一箱橙子。

……

一个人是否爱你，真的会在细节上体现得淋漓尽致。

爱你的人不忍心你的话无人回应，不舍得你自我怀疑，你与他分享再琐碎无聊的日常，他也会对你有百分之百的耐心。

即便你们在生活中因为一些摩擦吵架，他也不会与你争输赢。因为不忍心你一直生气，他会在某些地方暗戳戳地向你服软。

你每一句随口而出的话，他都会记在心上，然后尽可能地去满足你。

他对你的好，就像渴了想喝水一样自然，毫不费力。

因为在乎，所以心甘情愿。

当一个人真心爱你，会时刻让你感受到被爱的感觉。一旦有人问："你体会过哪些被爱的瞬间？"你的脑海中一下子会浮现出生活中的无数细节。你不用绞尽脑汁地去想，去找，去修饰他的行为，然后自欺欺人地告诉自己他是爱你的。

真正的爱不只是在"214""520"、七夕那几天浪漫，而是在生活的每一个细枝末节里浪漫。

02

周末我与绵绵出去吃饭，聊天的时候我总觉得她不太对劲。平时见面的时候她必然要好好地说一说她与男朋友的事情，向我秀一番恩爱，可今天绵绵一次也没有提起过。

我问她："你良心发现了？今天怎么不见你秀恩爱了？"

绵绵一下子沉默了，过一会儿才说："我不知道。"

"什么不知道？"

"不知道我们两个还恩爱不恩爱。"

看着绵绵软绵绵的样子,我才觉得她的感情出了问题:"怎么了?"

绵绵小声地说:"我不知道是不是自己想多了,最近我们两个一起散步的时候,我每次想和他牵手时,他在我这一侧的手上必有手机,我总觉得他是在故意避着我,而且感觉他对我的耐心少了很多。"

我问道:"他做什么了吗?"

绵绵想了想,摇了摇头:"……没有,就是感觉。应该是我的错觉。"

其实大多数时候,真相是,当你对他的爱产生怀疑的那一刻,他就已经不爱你了。

若他爱你,根本无需你费力去帮他证明什么。

或许有时,你并不是不能感受到对方爱意的流逝,只是在心里始终抱着一点幻望,希望自己的这种感受是错觉。

因为不愿意承认和接受,所以在心理和行为上都拒绝去确认对方是否还爱自己,一次次地自我安慰,一次次地自欺欺人。

当他已经不再爱你,试图证明被爱也只是你的一厢情愿。

果然,大概过了两周,绵绵突然哭着给我打电话:"我要和他分手。"

我问她:"吵架了吗?"

绵绵抽泣着说:"是,但也不全是因为吵架。我只是确定他不爱我了,所以不想再拖下去了。"

上周男友有几天假期。绵绵想,可能是他们俩太久没有一起散心了,男友的态度才会变得冷淡,所以特意向他提了趁着假期自驾游玩。

男友只是说"你安排呗",就再没管过这件事。每当绵绵想与男友商量具体的路线和行程,都是她说了一大堆,他只点点头或摇摇头。问得多了,绵绵还会收到一句语气不善的回答:"都说了让你安排,怎么还这么多事儿?要不就别去了!"

绵绵认真地做攻略、订民宿,奈何她是个路痴,在旅行当天迟迟找不到民宿的准确位置。男友冲绵绵大发雷霆,吼道:"你到底找不找得到?要不回去算了!"

绵绵也来了脾气,对他说:"要回你自己回!我是路痴,你又不是第一天知道!"

结果他真的丢下绵绵,自己开车先回去了。

绵绵伤心地对我说:"其实我早该发现的,他明明已经表现得那么明显了。"

"你看看这个,"绵绵说着给我看了两张聊天记录截图,"第一张是我们刚恋爱的时候,第二张是现在。看看这颜色。"

第一张截图里,白色聊天框占了三分之二,第二张则是绿色聊天框占了三分之二还多,白色框框里的消息从一句接着一句,变成了"嗯""知道了"这种让人完全没有聊天欲望的敷衍回应。

绵绵哀怨地说:"你看,爱与不爱真的很明显。明明我之前和他说过,如果有一天他不爱我了,可以告诉我,我不会纠缠,偏偏他就是不说。可我不想再这样拖下去了。"

好像有很多人在感情里都是这样,明明已经不爱了,也被对方告知过若是不爱请立刻言明,对方绝不会多做纠缠,可偏偏他们就是不说,甚至还会营造出一种爱对方的假象,可明明连回应都变得敷衍起来了。

有些人明明耐心告罄,却丝毫不觉,甚至都开始冷暴力了,还感动于自己正在减少与对方吵架的次数。当然,也不排除有一部分人是故意为之。他们就是要用冷暴力来逼对方先提出分手,这样他们就能避免成为率先背叛感情的人,他们也能对自己、对别人都说自己才是这段感情里的受害者。

他用虚伪的表面功夫来麻痹别人,麻痹自己,也麻痹了你,所以你患得患失,在被爱与不被爱之间犹疑不定。

真真切切地体会到被爱着的安全感,是被爱的一种不可或缺的证明。

当你对一段感情产生怀疑和犹豫时,相爱多半已经成为你们的过去时。

相信他曾经真的爱过你,不过已是过去。
风已经吹走了他爱你的那一页,该翻开新的一页了。
与其患得患失,不如果断退场。

03

黎黎发了个朋友圈:"不好意思啦大家,我们下周不会办婚礼了。"

看到之后我很惊讶,私信她问为什么。黎黎回答得很干脆:"我们今天分手了。"

"你说什么呢?!你们不是今天去领证吗?"我现在要是嘴里有一口水,肯定喷出来了。

黎黎却淡定地说:"其实领证之前我就很不安。真到了这一天,我的不安简直到了顶峰,所以我提了分手。"

我问:"他没说什么吗?"

黎黎笑着说:"没有,他和我一样。我俩现在都挺庆幸的。"

我不太理解:"你们吵架了吗?这么严重?"

黎黎悠悠地说:"没有吵架,我们已经很久不吵架了。但就是这样才说明有问题了,不是吗?"

原来,黎黎和男友这些年虽然一直在一个城市工作,但两个人都把重心放在了事业上,平时也是聚少离多。一开始他们有说不完的话,每天再忙也会联系一下,可是后来基本上只有有事的时候才会找对方,而对方也是公事公办的态度。

黎黎说:"你知道吗?上次我们聊天之后我就有分手的想法了。"

我回想起上次聊天时问黎黎他们俩以后打算在哪发展,当时黎黎沉默了很久，只说了一句："以后再说吧。"

我继续问："那怎么了呢？"

黎黎说："那天回家后我也问了他同样的问题，可是他和我一样地沉默，一样地回答。我们俩都没有把对方规划进自己的未来，我们完全不像在谈恋爱，这样的感情还有继续的必要吗？"

我追问道："你当时怎么没说啊？"

黎黎想了想，说："这么多年过去了，我们都对这段感情付出了很多，到了现在这个年纪，不会再有第二次这样的感情了。所以我想再挣扎一下，万一结婚后会变好呢？更何况'黎黎会与她这个男朋友结婚'这个想法恐怕已经是我所有朋友根深蒂固的想法了，我怕分手后大家说我小题大做。"

我有点明白了，但还是逗她道："那你现在不怕了？"

黎黎认真地说："领证那天我看着他，发现他的眼神与我的一样，没有任何欣喜和幸福。比起我之前的那些顾虑，与这个人如此共度余生只怕会更让我不安。所以，及时止损吧，免得以后相看两厌再离婚，更麻烦。"

喜欢一个人，是看不见他时，会因为一首歌、一部电影、一件衣服、一种颜色想起他，然后开心很久很久；是看见他时，有满心的欢喜、说不完的话题和忍不住的分享欲。

如果有一天，你们不再期待见面，不再有分享日常生活的欲望，也许就是你们不再相爱的开始。

有时候，困扰你是否决定分手的，只是恋爱中的沉没成本。你不舍得放弃的，只是为这段感情付出的时间、金钱和精力。你总想着再坚持坚持，也许自己的付出就会获得应有的回报。但问题是，一旦你开始注意到了这件事情，接下来对于你和对方之间发生的一切，你都会不自觉地权衡利弊得失，恋爱变得不再纯粹，渐渐地也就失去了活力。

所以，不要妄图在爱情里说谎。不要向对方说谎，更重要的是，不要对自己说谎。

爱是细节，不爱也是。人会说谎，但细节不会。

不要让曾经美好的爱情变成此时虚伪的拉扯。当不再相爱，无谓地坚持不过是在生活里彼此消耗，互相折磨。

缘尽，就散了吧。

不执着于过往，不禁锢于当下。

既然无法执手到白头，那就好好说声再见。

礼貌告别之后，明天的太阳是新的，生活也是。

这世上什么都有，
就是没有如果

〜

01

一个叫可乐的网友发了一个帖子，标题是"如果我勇敢一点，我们的故事会不会不一样？"。

可乐说："我参加了喜欢的人的婚礼，以朋友的身份。"

可乐是以"新郎最好的朋友"这个身份参加的婚礼。她与新郎相识于初中，一直以普通同学的关系相处，到了大学，两个人才更加熟悉彼此，关系也变得更加亲近起来。

其实可乐在他们是普通同学时就很喜欢对方，只是上大学之前可乐不敢谈恋爱，一直没有说出口。

上大学后，他们的联系变得频繁，相处也更加自然。只是，还没等可乐表白，对方的话就彻底湮灭了可乐的小心思。

一次，他们打电话的时候，聊到了恋爱的话题，对方半开玩笑半认真地和可乐说："其实我之前喜欢过你，很喜欢很喜欢，不过现在，算了吧，革命友谊了。"

可乐忍不住说："怎么不是现在喜欢呢……"

他感叹着："是啊，哎，可惜，要是现在喜欢你，我肯定不会不敢追你。"

可乐写道：

"他一定难以想象，我在听到他的话后，有着怎样的遗憾和不甘。我遗憾到想哭。在这之后，我幻想过无数次'如果'和'可能'。如果我们都在年少时勇敢一些，故事的结局会不会大不相同？我和他是不是就有了另外的一种可能？

"他也不知道，我在听见他开心地和我说自己要结婚后，又是如何地庆幸。庆幸自己没有在他开口之前表白，这样至少还能以朋友的身份站在他的身边，见证他的喜悦，祝福他的未来。

"很开心，纵然终有遗憾，但至少我们现在不是陌路。恭喜你，也祝你们和我，都能幸福。"

年少时的喜欢，现在终成遗憾。

这世间遗憾常有，但这并不妨碍我们对曾经的一切心存感激。感谢有这样一个人，曾让我们体会过那么强烈的爱意。

人的一生大概很难第二次体验到那么热烈而纯粹的爱意。

如果你们已经错过了相爱的时机，就不要再幻想过去的"如果"。

对未来说"如果"，那是一种希望；对过去说"如果"，只是一种幻想。

希望还有实现的可能,幻想却几乎没有实现的可能。

年少时喜欢过的人,现在和未来还能常常与自己见面,自己还能以朋友的身份融入对方的生活,已经很幸运了,不是吗?

无论是朋友还是爱人,都有那么多人走着走着就散了,而你们却没有走散,这已经是值得珍惜和庆贺的事情了。

若你们没有爱情的缘分,就让友谊伴随终身。

02

梨子发了一条微博:"我们在大学相识、相恋,熬过了毕业季,也坚持了几年异地,本以为相爱可抵一切,最终还是抵不过横亘在我们爱情中的现实。感谢你给予我的一场刻骨铭心的爱恋,再见。"

我心想:"唉,最终还是分开了呀。"

梨子是我几年前认识的一个网友。我刚认识她的时候,她正为了自己的爱情和父母据理力争,现在看来,是尘埃落定了。

梨子与男友相识于大学,他们在一起的时候合拍又默契,虽然偶尔也会有些争吵,却从没有想过分开。即便是在分手率极高的毕业季,他们也坚持了下来。

两个人各自回到家乡后,就开始了跨越半个中国的异地恋。

他们每天都会通视频电话。有时候梨子不太方便说话,她的男朋友就持续不断地在对面对她说着话,只因为"我想看着你,想和你说话"。

梨子说，异地恋对他们俩的感情来说没什么，可是双方父母认为，两个人要想有长久的未来，物理距离就是实实在在不可跨越的阻碍。

没错，双方父母都十分反对他们在一起。为此他们各自和自己的父母吵架、冷战，再彼此安慰。

梨子的男友对她说："我一定不会放弃你的。"

梨子也坚定地回应他："我也是，一定要和你在一起。"

梨子上班的时候，妈妈打来了电话。因为昨天才与爸爸妈妈吵了一架，梨子没有第一时间接通。铃声响了两遍，她才接听。只听妈妈在那边焦急地说："你爸摔了一跤，腿骨折了。"她听闻后马上赶到了医院。也是在这天晚上，她与男朋友说了分手。

男友问她："为什么现在说分手？"

梨子直接干脆地问："你能放弃一切来找我吗？"

对方沉默了。

梨子接着说："我们现在各自有稳定的事业和朋友，要在一起，就注定要有一个人放弃现有的一切。可是我们都做不到。不管我们之前对这个问题怎么回避，它都一直存在着。既然无法解决，那不如到此为止吧。"

梨子说，当她赶到医院的时候，看见妈妈一个人在非常困难地扶着爸爸走，她突然很害怕，害怕自己因为一时赌气没有接电话，或者自己离他们很远，有事不能及时赶到，只留妈妈一个人面对所有的事情。

也就是在那一刻，望着日渐衰老的父母，她明白了，无论如何她都不会离家远走，而对方也面临一样的问题。为了避免双方都为难，放弃才是最好的选择。

"再见"这个词，有时代表期待，有时代表遗憾。

"世间安得双全法，不负如来不负卿"，生活大多数时候是很难两全的。你想要爱情，偏偏现实中有某个不可调和的矛盾。横亘在你们之间的问题，不会因为你们视而不见就真的不存在，最终你们还是要直面现实，被迫向现实低头。

然后就有了明明相爱，却不得不分开的遗憾。

尽管情深缘浅，但至少我们尽力爱过。

有多少人追求确切而热烈的爱，却求而不得。这样的爱难得遇见，所以更显珍贵。

有些人只是遇见就花光了你的好运气，遇见已是上上签，无需在意结果。能够拥有一段同行经历，就已经是莫大的幸事了。

有人问："不能最终在一起的相遇，有什么意义？"

网上有一个回答我很喜欢："因为遗憾而结束的感情，就像一颗过期的糖，时间久了可能会变味，但永远都是甜的。到此为止也挺好吧，人这一辈子本来就很少尝到甜头，兜里有一颗糖总比嘴里含着砒霜好。"

现实是无解之题，尽力爱过就好，聚散本不由人。

相遇是彼此的缘分,分开有各自的未来。

曾经拥有彼此已是幸运,别辜负相遇。

03

阿昊:"如果我早一点和你表白……"

我打断他的话:"没有如果。"

然后我拍了拍他,说:"朋友,下次见。"

我和阿昊很早就相识了,这么多年一直生活在同一个城市,偶尔会聚一聚,他算得上是我的异性损友了。

彼时我刚刚结束一段感情不久,阿昊给我打电话约我出去。吃饭的时候,他突然向我表白。我着实被吓了一跳,问他:"你怎么这么突然?"

"不突然,准备很久了。"

"有多久啊?"

"你这一次恋爱之前。所以,行不行啊?"

"不行。"

"为什么?"

"现在不想谈,更不能想象和你谈的样子。"

"那你什么时候想谈?"

"过去想谈。"

"一点机会也没有吗?"

"没有。"

……

"朋友，下次见。"

我问阿昊准备了多久，是想要确定这个问题的答案：我们是不是曾经相爱过，在彼此不知晓的情况下？

他的回答就像是有另外一个声音告诉我："是的，你们相爱过，可是却没有在一起。"

我开始之前的那段感情时，是我最想谈恋爱的时候。那时我对阿昊的感情似有所觉，也并不排斥。但是感觉这个东西实在太过朦胧了，我害怕是自作多情，连开口询问也不敢。

我只是曾在心里暗暗想过，若是阿昊对我表白，我一定马上答应。

可惜阿昊没有开口，然后我就遇见了另外一个人。他给了我确切的恋爱信号，我们顺理成章地开始了一段恋情。阿昊在我心里也真正被放在了朋友的位置。

当他向我表白的时候，我有一瞬间想立刻开口答应，可是说出口的，却是毫不犹豫地拒绝。

我们现在的状态很好，互相足够了解，性格也合得来，已经是好朋友了，看似一切都很合适。

我珍惜有这样的朋友，珍惜与他的友谊，所以不想改变我们之间的关系。

缘分真是玄之又玄的东西，我们相遇又相互喜欢，还得到了相互陪伴的机会，怎么看都是有缘吧。

可我们偏偏错过了相恋的时机。

《繁花》中有一句台词："男女之事，源自天时地利，差一分一厘，就是空门。"

错过就是错过了，有时候，天时地利就是那么重要。

就像你正饿的时候，很想吃一个小蛋糕，可小蛋糕到得太慢了，你只能先吃一个馒头垫垫肚子。等你不那么饿了，蛋糕也到了，可吃起来也与你最初期待的感觉不同了。

其实，我们不用试图让过去的遗憾圆满，因为我们每天都会创造新的故事。

时间不会回到过去，人也要往前走。

我们的每一个选择或多或少都会带点遗憾。错过的，再怎么弥补，也回不到从前，还好我们仍有把握现在的机会。

如果从前已有不甘，就不要再让未来有遗憾。

没有人会保证一直喜欢你，
但总会有人喜欢你

01

棠棠自从恋爱之后，常在抖音上分享自己与男友的日常相处。她称呼她的男朋友为冯先生，冯先生是一个温柔又好脾气的人。

周末，冯先生与棠棠去公园赏花，棠棠让冯先生负责拍照。有一处风景不错的地方，拍完一组照片之后，棠棠发现自己的衣服没有整理好，拍出来都是褶皱，她的心情一下子变得糟糕。回头一看，刚刚拍照的地方已经被别人占了，她的脸色变得不好起来，忍不住向冯先生发了脾气。

冯先生见状，不但没有任何不耐烦，还温柔地安慰棠棠说："没关系，待会儿人走了，我给你重拍。"

冯先生说过，他上班很累，周末就想完全瘫在家里不动弹。可是每次棠棠说想要去哪里玩，他都会很快答应。有时棠棠出门慢了，正着急忙慌的时候，冯先生会安抚她："别急别急，慢慢来。"

棠棠和我们说:"呜呜呜,遇到温柔的他真的好幸福啊。"

接着自然是收到了一大片酸溜溜的回应。

但是,不知道从什么时候开始,冯先生的耐心就像漏气的气球,慢慢瘪了下去。

棠棠第一次察觉,是对方先挂了电话。他们在一起之初,冯先生曾说过:"我不想挂你的电话,以后都你先挂吧。"这一点从他们恋爱之初他就一直坚持着。有时候,冯先生因为有事不能接电话,他也会先和棠棠解释一声。

棠棠安慰自己是对方太忙,忘记了吧。但棠棠跟冯先生回了一趟老家后,他们的关系似乎被寒气入侵了。

到冯先生家里后,他妈妈对棠棠的态度很是冷淡,棠棠能明显地感觉到他妈妈不喜欢自己。

之后,棠棠与冯先生的关系就开始有些疏离。冯先生主动联系棠棠的次数变少了,连回复的话都渐渐变得敷衍。他还开始以工作忙为理由减少见面。

这样的情况持续了大概一年,直到情人节,棠棠发了一个视频。视频是由好多张他们俩之前的聊天记录截图放在一起做成的。棠棠配文说:"你做出承诺的样子好像还在昨天,而今天一句'我妈不满意你',你就结束了我们的感情。"

两个人分开不一定需要歇斯底里的争吵,也不一定是因为哪一方对感情的背叛。有时,过往的承诺被轻易打破,只是败给了时间,败给了生活的琐碎和感情的疲惫。

感情浓时说出口的承诺最后没有兑现，不一定是对方在承诺时说了谎话。承诺大多是出自当时的真心，只不过他的真心并没有他想象的那么长久。

"我喜欢你"是真的，"我会一直喜欢你"却是他自己都不能保证的。

毕竟没有人能预见未来发生的事情。一个人对另一个人的好恶会受到氛围和时间、心境的影响，所以没有人会保证一直喜欢你。

任何关系能长久坚持下来，也很少依赖纯粹的喜欢。如果只有喜欢，而没有其他羁绊，外界的一点影响就有可能成为其中一个人率先说分手的理由。

既然长久的承诺不能保证，那么就别求永远，只求纯粹而炽热的相爱，求双目相望时的真心，求在一起时的彼此珍惜。

若是有一天到了相爱的尽头，至少曾经真心喜欢过彼此。

02

工作室开张之后，萱萱一直在忙，我们已经有几天没联系了。有一天晚上，她突然给我发信息："你还记得我之前那个对象吗？"

我一下想到了曾让萱萱魂不守舍的出轨前男友："记得啊，你怎么突然提起他？干吗？你还想着他呢？说好的一心扑事业上呢？！"

萱萱发了个无语的表情包："别那么激动，我是想和你说，他来找我复合了。"

我毫无底气地问："你，不会是答应了吧？"

萱萱回道:"才没有呢。"然后发了个叹气的表情。

我一下子警觉起来:"怎么?没答应,遗憾了?你忘了他之前怎么伤害你了啊?"

萱萱说:"不是,我只是发现,我竟然对他一点感觉也没有了。"

原来,我们也不会一直爱一个人。

再深刻的感情也会在时间的流逝中淡化。双方在相同的时间里有了截然不同的经历,处境的不同也让两个人的心境全然不同。

曾经占据自己大半个世界的人,也终于在时光的消磨里模糊了热烈的情感,彼此成为最熟悉的陌生人。

没有谁会一直喜欢谁。再喜欢对方,随着自己的圈层、认知的变化,曾经的喜欢也极有可能烟消云散。

感情变化的规则总是公平的,我们要允许自己不再喜欢别人,也要允许别人不再喜欢自己。

成长总是好的,感情有变化,也不要害怕。无论是自己对他人的感情变化,还是他人对自己的感情变化,都是人生中的正常经历。

没有人会保证一直在原地喜欢一个人。

时间会改变一切,包括曾经的深爱。

03

阿秋刚辞职,马上入手了一台单反相机,用它作为自己到处闲逛的记录者。她总是兴致勃勃地分享她拍摄的照片,分享她记录的一路游玩见闻。

她慢慢地成为一个面向大众分享自己生活的自媒体博主。

阿秋的家人总是说，玩单反、做自媒体，是又烧钱又没有保障的事情，连事业都算不上。尤其在她刚刚开始做的那段时间，短期内看不到收益的结果就是，她成了家中长辈眼里的反面教材。

阿秋成了他们眼中"一个没有正经工作，又爱乱花钱的晚辈"。

阿秋告诉我，她妈妈说她："你可真会选，玩单反，这不是烧钱吗？"接着又提醒她，"你老往外面这么疯跑，两个人过日子可经不起这么造。"彼时阿秋有一个男朋友，工作属于规律又安稳的类型。

果然被她妈妈言中，他们俩很快就因为双方事业的差别、聚少离多以及对方不喜欢阿秋过于随性的生活态度而分手了。

这让阿秋的家人对她选择的这条路产生了更大的意见，他们时常劝阿秋在该结婚的年龄收收心。

一次我去阿秋家里做客。她妈妈冲我的方向抬了抬头，和阿秋说："你看看人家，多安定又招人喜欢啊。你总这么跑着玩，以后谁会喜欢你？！"

阿秋立刻反驳："如果我变得和别人一样，他再喜欢我，和我有什么关系？"

去西藏游玩的时候，阿秋遇见了她现在的男朋友。阿秋和我形容他们俩是"山间自由的风相遇了"，是"灵魂伴侣"。

我听了之后摸了一下自己的胳膊，说："咦，多少有点肉麻。"

她男朋友同她一样也做自媒体，是个旅行博主。虽然没有多少粉丝，但旅行本来就是他的爱好之一，所以他一直在坚持。

阿秋的视频里逐渐出现了另外一个人的身影,另外一个人的视频里也逐渐多了阿秋的影子。

乱跑的人也会遇见步履相同的人,并拥有与之同行的机会。这世界上的人太多了,多到无论你做什么事情,是什么样的性格,有怎样奇特的经历,都能在世界的某一处找到与你拥有类似情况的人。

人总归是独一无二的,所以多数人认为正确的、讨人喜欢的做法,不一定就是正确的、让你喜欢的做法。

喜欢或者讨厌一个人总有很多种原因,即便是相同的原因,也会得到他人完全不同的态度,没必要为了迎合别人而改变自己。

你要相信独一无二的自己,相信自己就是最值得被人喜欢的样子。

真正爱你的人,不是因为将你的所有条件罗列一番并与他人进行比较后,发现你方方面面的条件都最好才爱你,而是因为你是你才爱你,爱上你之后才发现你方方面面都好过别人。

两个人相互吸引是一件说不清道不明的事,起初是始于双方的某些特质,最后两个人能够携手向前,大抵是还忠于了另外一些东西。

人有很多面,是一个复杂的整体。他喜欢你,就会包容地喜欢上你的全部。

不要为了迎合别人而改变自己,做自己就好。

第五章

凡事发生，
必有利于我

凡事发生，
必有利于我

～～～

01

朋友给我发了一个大哭的表情，接着打了个电话过来。

"啊！我也太蠢了吧！一个挺好的工作，错过了。人家都给我发消息了，说我这边可以的话，让我昨天去体检，结果我今天才看到消息。等我回复的时候，已经有别人入职了。"

她的声音带着哭腔："它真的是我目前看到的最好的工作了，啊！就差一点！"

我很想对她说："没事的，没准有更好的机会等着你呢。"但我没说出口，因为我也有过类似的经历。按我当时的心情，也不愿听这种站着说话不腰疼的安慰。是后面发生的事让我改变了看法，真正安慰了我。

我入行的时候也有过类似的经历，当时刚刚毕业，没想好之后做什么,就听了家里的建议,学了公考的知识,陆续参加一些政府机构的考试和国企招聘。

有一家北京国企的笔试通过了,让我去线下面试。可我同时准备着其他公司的面试,行程多而乱,一时间把这件事情忘了。

想起订票时,只有面试当天的票了,还碰上飞机晚点,就错过了面试时间,收到了"已经招到其他人了"的回复。

我不想白白浪费了飞机票,就将简历投了北京的其他几家公司。在即将离开那里的前一天,才收到了一家公司的面试电话,当天下午收到了录用通知。

正是这份工作带我入了行。

我们或多或少都会觉得自己错过了些什么,有的是真的阴差阳错地错过了,有的则是自己不满足于现状的幻想。

无论是哪一种,沉溺于遗憾和后悔都没有什么用。

只盯着乌云看的人,是晒不到阳光的。

如果一件错过的事情开局就让你觉得不顺利,也许它本就不是你的机会。

接纳此刻的真实结果,不要频频回顾、设想如果。

人总是不自觉地去美化自己没有走的那条路,可那条路对你来说不一定就比你现在走的路更好。

我们应该相信,一切自有安排。

接受错过,也是允许新生。

如果事情的发生已成必然，那么恭喜你，你获得了走另外一条路的机会。

与一个选择失之交臂，是为了让你在千万种可能里，踏上对你来说结局最好的那条路。

世上之事，有颇多阴差阳错，也许我们经历的一切都刚好是我们应该经历的。

你不是错过，而是刚好规避了错误的道路，与自己的正途邂逅。

02

桃子毕业后，父母劝她在家里考个教师编制，安安稳稳地。但一眼看到头的日子让她觉得没什么盼头，她不想一直在老家的小县城里工作，就不顾父母反对跑到了北京，进入了一家教培机构。

工作几年后，她从普通老师做到了管理层；三十岁的时候，又毫无征兆地辞职了。

在教培行业积累了几年从业经验，她创立了一个规模不大的教培机构。她在行业里一直口碑很好，所以刚开始不缺生源，不过还是因为缺少经营经验而后继乏力。

尤其是赶上大环境艰难的时期，公司的发展陷入僵局，最后不得不裁掉一部分员工。周围的很多机构甚至都关门歇业了。

桃子妈妈劝她："要不你把这个停了去找工作吧，这都干不下去了，你还非得往里投冤枉钱干吗？"

桃子说："别人坚持不下去，我再坚持坚持，没准就好了呢。反正也是为我自己坚持，我乐意。"

为了公司不倒闭,她分散了自己的股份,几千块钱就能入股成为股东。她还建了一个公司股东群,日常在群内汇报公司的经营情况,不管经营状况好坏,都让公司内部情况对股东们公开透明。

在公司没有盈利,股东们也没有收到任何回报的情况下,有一个股东给她拉来了一单生意。这次合作是线上签的,桃子与对方甚至没见过面。

桃子到现在仍对这位股东带给她的新机会感到意外,他们入股不怕被骗就已经很不错了,居然还拉来其他人与她合作。

这位股东对她说:"可能是一种感觉吧,看着你做的事,我很信任你。"

合作来了,生源有了,公司又能正常运转起来了。

哪有什么无心插柳柳成荫,只有努力过后的水到渠成。

你所付出的努力,即便当下不能马上获得相应的回报,也请你坚持下去。因为,每一个弯路和每一个阻碍都有它存在的意义,你总会在某一天看到努力的回报。

当你在困难里挣扎,觉得自己就要坚持不住的时刻,困难也快要坚持不住了。

只要再多一分坚持,你就会在这次对峙中赢得胜利。

独自走过的那些坎坷,会让你变得独立而丰富。

鲜花常与荆棘并存,曙光总在黑暗之后,万物平衡。

法国诗人勒内·夏尔说:"理解得越多就越痛苦,知道得越多就越撕裂。但是,他有着同痛苦相对称的清澈,与绝望相均衡的坚韧。"

但行好事，莫问前程。

人生没有白走的路，每走一步都算数。

03

绵绵是医学生，大学的最后一年，需要到医院实习。

学校列出了几个医院供学生选择，但需要按照排名依次选择。绵绵的排名比较偏后。其中有一家医院是公认最好的实习单位，但也是最累最严格的。按照往年的情况，绵绵肯定选不到这家医院。

偏偏那一年，考研成为毕业去向的大势，有很多人害怕实习占用时间，没敢选这家医院。

因此，绵绵成功选到了这家医院。有同学对她说："你也太倒霉了，听说这儿管得特别严，特别累。"

绵绵假装无奈地说："那也没办法，到我这儿可选的太少了。"

后来她偷偷告诉我："其实我心里都乐开花了，管得严就严呗。管得不严，能学到什么真本事？我就学几年医，出去能干吗？"

带绵绵的老师颇有资历，在医院很受人尊敬，就是脾气暴躁到人尽皆知，对他们专业上的要求到了苛刻的地步。

她实习的科室需要用一些机器辅助治疗病人，通常情况下，机器操作都是由老师完成。

有一次，这位带教老师突然问："你们要不要来操作一下这个机器？"

其他实习生纷纷眼神避让,不敢上前,只有绵绵上去操作了。她第一次操作,当然不太规范,被带教老师劈头盖脸地批评了一顿。不过老师批评完也详细地给她演示了正确的操作方法。

第二次再有这样的情况,她仍然主动上前。有同学偷偷问她:"你不怕挨骂呀?"

绵绵无所谓地说:"不怕啊,他是会骂我,但也会教我。"

最后的毕业考核是在绵绵实习的医院进行的。考核的老师看到她说:"我知道你,咱们院的。其实你不用考我也知道,你技术没问题。"

考核完毕,老师还说:"你的技术进步最大。"

任何你经历过的事情,不是让你得到就是让你学到,总归是对自己有益的。

成长需要宽容的心和平静的自我接纳,不要斤斤计较于每一处细节里好与坏的体验。

任何人和事都不只有外在的表象。

华丽动听的言语也许并不是真正的好话,开诚布公的批评更可能帮你规范今后的言行,让人痛苦的经历或许正促进着你的进步。

好的坏的都是风景,经历过才能懂得。动听的溢美之词会增长你的自信,诚实的批评之语也能指出你的不足。开心与难过同样值得真心接纳,因为我们总能从中学到点什么。

美好的事物让你学会怎么去爱,痛苦的事物让你学会珍惜爱。

生命是一场历程,不必太功利地在乎结果,体验过便是一种收获。

一切遇见,不是经验,便是经历。
遇事时请你默念三遍:凡事发生,必有利于我。

不要停止奔跑，
生活不过是见招拆招

01

一个朋友的姐姐因为抗议老板总是安排她加班而被辞退了。下一份工作还没着落，她又不想坐吃山空，就临时想了个摆摊的主意。

她平时很喜欢自己做些点心，还自学过一段时间手工编织，会编一些小饰品。因为不知道卖哪一种收益更好，这两样就都成了她摊位上的商品。

她家距离小吃街不远。她每天骑上单车，带上一张小桌子和一把小椅子，再背上一个装着出摊商品的大包，十五分钟左右就到了。

虽然这里的摊位分配没有明文规定，但是在这儿干得久的摊主一般都有固定位置，或者大家默认好位置先到先得。她是这里的新人，为了抢占好位置，只能把出摊时间调得早一点。

这位姐姐不是外向的性格，作为"I人"，她虽然与人交流时并不犯怵，但要说主动吆喝，还是有点不知道如何张嘴。她也曾偷偷向隔壁摊主请教叫卖技巧，隔壁摊主告诉她：要私下多练习，主要得豁得出去，别不好意思，怎么吆喝都没错。

她听了别人的建议，每天出摊之前都先在家中大声地喊几遍，开开嗓。到了摊位上，还要先小声念叨十分钟，再将声音逐渐放大，让吆喝声慢慢变得收放自如。

慢慢地她发现，编织饰品比点心卖得好一些，做起来也更简单，她现在就只卖这一种商品了。过了一段时间算算收入，竟然也不比上班时的工资低。

钥匙丢了可以再配，钱没了可以再挣，工作没了可以再找，试验失败了可以重新开始……

如果一条路走到了尽头，那就换一条路走。

停在路口的终点追忆过去，对于未来只是无用之功。停步和等待不会让前方的死路突然变成坦途。

生活千变万化，事情从来不是板上钉钉的死物，不要把现在的困难看作永久。遇见困难时转转头，说不定就发现了解决难题的方法。

回看自己的过往，有多少痛苦而迷茫的时刻，但每一刻都熬过来了。没有让它们绊住自己的脚步，才走到了现在。

那些曾经让我们备受打击的人和事，也不过成了万千回忆中无足轻重的一部分，再想起时，当时鲜血淋漓的苦楚已经不能再影响自己分毫了。

生活就像跑酷游戏，障碍各不相同。跑酷的人也不知道下一步会遇到什么，但他始终知道的是，自己不能停止奔跑，不能因为任何障碍而停下奔向终点的脚步。

每一个意外都是不可预见的障碍。就像障碍不能阻碍跑酷的人，意外也不能阻碍我们前进的脚步。

每一个障碍都有办法通过，若不能迎面直击，就绕道而行。

生活没有走不出的死胡同，大不了我们翻墙而过。

02

绵绵虽然是在医院实习，毕业后她却选择进入了一家康复机构工作。她是这家机构的唯一一个康复治疗师，没有人像她在医院实习时碰见的老师那样带她。

她只是一个应届毕业生，却要独当一面。妈妈担心她应付不来现在的工作强度，她却对妈妈说："没事儿，我有心理准备。"

不过说真的，她其实心里没底。为了不在工作中露怯，她买来了很多专业书，一有时间就自学，偶尔还会向之前实习时的带教老师请教。

实习的时候，她不需要正面面对病人家属，而真的工作之后，她不得不与一些要求特殊的病人和家属打交道。

有一次，她与一个病人约定了治疗时间。时间到了，病人却突然反悔，以各种理由拖延治疗。为了不耽误其他病人，她与对方重新约定了治疗时间后，就去了其他病房。

等绵绵按照约定时间再回来，这个病人却阴阳怪气地说："你别管我！你刚才不管，现在也不让你管了。"

绵绵惊讶地问道："刚才不是您有事儿，要换时间治疗，我才走的吗？"

没想到病人却不依不饶："你就说刚才你管没管吧，别说别的了。"

绵绵本想据理力争，又想想病人是需要关心和照顾的，还是服软了，说道："是是是，是我的错。"

绵绵出了病房后，就被领导叫走问道："怎么回事？刚才家属给我打电话说你不管她妈妈。"

绵绵向领导解释了事情的经过，还要来了家属的电话，又给家属解释了一遍。

家属说："那你就不能等着把我妈的理疗做完了再去别人那儿吗？"

绵绵只好说："好，我下次尽量这么安排。"

领导听了她的应答后却说："这么安排不行啊，不能太偏向谁，别的病人也得照顾好。"

她说："我'尽量'嘛。公司规定不允许，我也没办法。"

人这一生，关关难过，关关过。

你不应该对自己那么没有信心。面对生活突然的变化，要相信自己能够迅速而从容地应对。不要因为一件小事让自己提前焦虑或过度焦虑。

在《小说灯笼》里,太宰治写道:"日子只能一天一天好好地过,别无他法。别烦恼明天的事,明天的烦恼让明天去烦吧。我只想开心、努力、温柔待人地过完今天。"

你所担心的不好的事情明明还没有发生,你就提前为之焦虑,就相当于你遇见了两次不好的事。而如果你在不好的事情发生之后,一直沉溺其中不能自拔,那么你就再一次经历了不好的事。

如果你所担心的情况后来根本没有发生,提前焦虑就白白地让坏情绪占据了你本该拥有的快乐时光。

不要企图现在就把未来的烦恼提前解决掉,因为未来是无法预料的,提前焦虑并不会让未来要发生的事情有半分好转。

预设困难、预支烦恼,除了徒增当下的负担,实则毫无裨益。

与其忧愁未来,不如过好现在。有句话说得很对:"想,全是问题;做,全是答案。"

很多时候,只要问题来了你认真解决,就会发现让你焦虑的事不过如此。

困扰你的通常并不是事情本身,而是你摆脱不掉的负面情绪。

未来是由无数个专注当下的瞬间汇聚而成的结果。

用行动将现在的时间填满,专注做好眼前之事,未来才有变得更好的可能。

即便你所担心的事情确实发生了,那又会怎么样呢?再乱的线条,只要有耐心,总能被理顺;再复杂的问题,只要认真应对,也总有办法解决。

深谋远虑是提前做准备,而不是提前焦虑。

03

公司要组织一场大型活动,相关部门人手不够。分管领导召开了一个协调会,要求我们部门抽调一个有资历的人过去帮忙,为期两个月左右。

李李被选中了。可是正值我们也忙得不可开交,大家都不想让李李过去,李李自己也不想去一个不熟悉的部门,但又不好违背会议决定。

直属领导也对李李表示了担心,怕她在另一个部门上班两个月之后,公司就不让她回来了。

栗子建议道:"可以让李李两边跑啊,不在那边坐班,只在需要帮忙的时候过去。就算在那边,工作内容也以咱们这边为主,不就好了。"

直属领导找上级申请这一方案,获得了批准。

于是,李李开始了两头跑。一开始她天天都去隔壁部门,后来一天时间里两边都坐一下,慢慢地干脆就不再去那边了。隔壁部门大概也觉得李李两头跑太疲乏,没有说什么,这件事情就不了了之了。

茶茶还在前公司的时候,有一次她与我吃饭,中途接到了一个电话,电话那头的人慌张地说道:"对不起,姐,我把客户那钱转错人了。"

出现这种情况,钱款如果追不回来,需要员工自行赔付。

茶茶很冷静地对他说:"我知道了。你先不用和财务说,明天当面协调一下吧。"

我不解地问茶茶:"数额应该不小吧?不需要报警或者马上联系财务吗?"

茶茶却淡定地说:"第二天看看再说吧。"

结果第二天,那个人告诉茶茶:"钱追回来了!"

茶茶对我说:"你看,这不就回来了。"

我好奇道:"你早就知道?"

茶茶回答得云淡风轻:"猜的。那么大一笔钱,怎么可能轻易转错,搞不好就是他暂时挪用,只不过现在又补上了。万一报警,他急了更不好处理,不如缓缓。"

生活中,什么事都可能遇到,什么样的人都可能与你产生交集。遇到突发情况在所难免,有时候解决起来并不困难,但是人一旦自乱阵脚,事情往往就会变得不可收拾。

生活中的问题并没有那么高深奥妙,不要害怕自己不能解决。这个世上本没有完美的人,很多问题也没有完美标准答案。深思熟虑后做出的决定,坚定就好。

或许有人说:"生活中那么多大事,哪里是一两个小聪明招数就可以解决的?"

可是,不正是无数件鸡毛蒜皮的小事,和无数个或欣喜或惊惶或悲伤的瞬间,构成了生活的全部吗?

你可以安然度过无数个微小的瞬间,那么,你也要相信自己能够妥善应对这由无数个微小瞬间所组成的生活。

生活无非是顺其自然地走,见招拆招地过罢了。

今天过得不好，
明天可不一定

~~~~

01

我心情不好时喜欢早点睡觉，心情好时就想晚点睡觉。因为睡醒一觉到了第二天，一切又是新的开始。

周五公司开会，我的选题没有通过，又要重新琢磨新选题了，所以心情不怎么好。回家的时候，坐车没有像往常一样坐到最后一站下，心血来潮地想要骑行一段路。

于是下车之后我扫了个共享单车。路边行人较少，只有停靠在车位里的车辆。我猛踩一下脚踏板，车子带着人冲了出去。

还没好好感受一下风吹在脸上的感觉，前方停靠的一辆车突然起步，等我反应过来的时候，已经到它面前了。我马上来了个紧急刹车。由于惯性，我往前栽了一下，重心不稳，连人带车都摔在了地上。

面前的车停在了原地,我没有碰上它,所以也没有与车上的人有什么交流。我沉默地扶起自行车,再沉默地骑车回去,完全没有了享受骑车的心情,满脑子都是"今天我怎么这么倒霉"。

第二天是一个很平常的休息日,晓晓打来电话,约我一起去看画展。

那是法国线条大师塞吉·布洛克的画展。我很喜欢这种风格,寥寥几笔,趣味盎然。在"鸟人澡堂"展区,塞吉描画了都市里各种各样的人,有男有女,有穿裙子的、有戴帽子的、有戴眼镜的,地上还放着一个大澡盆,有孩子在里面玩耍。

怪异的是,这些人都长着尖尖长长的嘴巴,还有一双鸡爪一样的脚。其中一个胖乎乎的鸟人,样子萌萌的、傻傻的。随随便便的几条线、几个圆圈,就勾画出一对吵架的情侣,他们各自把脸偏向一边,昂着脸,抱着双臂,都在等对方先说对不起。活脱脱生活中吵架的情侣,看得我和晓晓忍俊不禁。

逛完画展,我们又在美食区逗留了两个多小时,吃到肚儿圆圆,心满意足,只想回家美美睡上一觉。

生活有猝不及防的难过,也有不期而遇的美好。

今天难过没关系,因为明天会重新开始。

《去有风的地方》中,许红豆曾说过一句话:"昨天的已经过去,明天的交给明天,今天呢,就是崭新的、独一无二的一天。太阳为我升起,所有的一切都可以解决。"

每个明天都像读档刷新，一键下去，我们在新的时间里开始新的生活，循环往复，却又时刻崭新。

今天总会成为过去，明天永远是新的开始。

明天有很多事情可以做，别因为今天难过，而拒绝了明天的快乐。

如果今天真的过得很糟糕，就睡一个早觉吧，并在心里告诉自己：当我睁开眼睛，不开心就过去了。

02

手机"叮"的一声响，是一条关注列表的推送，沫沫又更新了一条视频。

视频里，爸爸正在沙发上睡觉。妈妈告诉宝宝不要说话，免得吵醒了爸爸。宝宝乖乖地赶紧捂住了自己的鼻子。

"是捂嘴巴，不是捂鼻子。"

"嗯。"宝宝又快速地捂上了嘴巴。然后她看了一会儿爸爸，慢慢靠近，轻轻亲了一下，又快速跑开了。见爸爸没醒，她又跑回来亲了一下再跑开。等她第三次靠近时，爸爸忽然睁开眼，"嘿嘿"笑着抱住了她……

视频底下有人给沫沫评论："哈哈哈，她害羞了。""哇，宝宝太可爱喽。"

沫沫的账号都是这样的日常亲子片段。她的账号经营得不错，每个视频的播放量大概在两万左右。

她现在没有上班，但对自己的状态还挺满意，比较自由，还能陪孩子。

本来沫沫有一份薪水还不错的工作,但自从休了产假,她就被架空了,于是她干脆辞职了。接下来她换的工作,不是离家远,就是老出差,要么是加班多且薪水不高,她度过了一段十分灰暗的时光。

一天,她随手拍了女儿生活中的一个可爱瞬间发布,本意只是想要记录孩子的成长,没想到越来越多的人来与她互动。

就这样,沫沫经营起了自己的自媒体账号。

三十五岁似乎是一个尴尬的年纪,有人说这是人生的分水岭,三十五岁之前不够成熟,三十五岁之后不够年轻。尤其是三十五岁的职场女性,还伴随着"怀孕""带娃"这些难以避开的话题。处于这个年纪的人,似乎总是多方焦虑,进退两难。

可是,从生命的长轴来看,三十五岁是一个充满活力的节点啊。

这个时候的你,既拥有年轻时的激情与活力,又积累了一定的人生经验和财富,这不是最好的年纪吗?

饭做早了会凉,不是所有的事情都越早越好。

人生没有统一的黄金期,你的生活也不是写好的剧本,难处从来不只存在于三十五岁这一年。

所谓的"年龄焦虑"和"中年危机",其实与你曾经经历的困难并无本质区别,并非不可跨越的障碍。

年龄只是时光流转的标记,三十五岁不是岁月的终点。

不同的人生阶段会有不同的经历和体验,现在的挫败与未来的人生无关。

03

我关注过一个博主,是做珠宝销售的。某天她更新了一个视频,视频里她说:"我上周谈成了一笔定制珠宝的单子,拿到了一大笔提成。很多人说我是命好、运气好,只有我自己知道不是这样的。"

她说,在这一行,大家是按照销售业绩拿提成的,经验丰富的人只看对方的穿着和气质就能确定他有没有开单的希望。

有些人看看就知道,八成只是进来蹭个空调,或者是出于好奇来消遣一下,根本不会购买商品。

尽管偶尔会出现一两个穿着不突出但谈下大单的特例,也完全改变不了这个行业的认知习惯。

没人想做无用功,所以不自觉地就会有以貌取人的心理,第一眼将客户分档,再通过第一时间的判断来确定自己的服务态度。

但是这位博士从没有这样过,她总觉得别人既然来了,不管现在是否下单,都是自己的潜在客户。尽管她心里清楚有些客户不会买自己的商品,她仍然会以热情的态度接待他们。她不想看到顾客因为穿着而受到冷待。

她在视频末尾说:"所以,我不是靠运气走到现在的。"

导演马克·安德鲁斯说过:"好运只是个副产品。只有当你不带任何私心杂念,单纯地去做事情时,它才会降临。"

如果说这个博主真的是运气好,那也是她兢兢业业、努力后得到的运气,不是命运使然。

生活从不会因为你想做什么而给你赏赐，只会因为你做了什么才给你奖励。行动起来，才有可能得到自己想要的生活。

不要在还没有开始努力时就幻想努力后的结果，空想是带不来成就的。

如果因为害怕自己的努力会白白付出而选择坐在原地等待，那么你的未来注定黯淡无光；如果认真对待当下的每一刻，那么你的未来就会因为你每一刻的努力而焕发光彩。

即便你当下所做的看似不会有什么效果，也不要敷衍了事。

你要相信，你付出的每一份热情都会在未来的某一刻收到回报。

现在所走之路不顺利也没关系，因为所谓运势，只在一时而已。

将眼下的事情做到自己力所能及的最好，说不定就会柳暗花明。

把一件事情做到极致时，千万种可能性自然涌现。

可能你当下所做的事情并不顺利，所在的处境也不尽如人意，但以后总有转机。

过程不顺，不代表结果不好。

未来的样子，取决于当下的努力。

对未来最大的慷慨，就是把命运交给现在。

现在过得不好，未来可不一定。

如果快乐太难，
祝你腰缠万贯

01

微博上曾有一个话题："原来长大后真的会去弥补童年"。我第一时间想到了小艾家里那一整面墙的复古小玩具，以及她常常光顾的老式零食店。

小艾的老家在四川大山里，经济发展得比较慢，直到前几年，那里才彻底通了车。

她小时候家里条件不好，在学校看见谁戴了新的发卡都要羡慕好久，但又不敢开口和家里要，因为只会得到一句责骂。

小艾生日那天，我们一起去超市买东西。到柜台的时候，她突然拿了两个健达奇趣蛋。我问她："你喜欢吃这个？"

"我没吃过。小时候想吃零食，总被我妈骂'不懂事，浪费钱'。现在就是想尝尝这些小零食。"

在吹生日蜡烛之前，她和我们说："别祝我生日快乐了，祝我发财吧。"

"你许的什么愿望?"

"希望我变有钱,然后重新养自己一遍。"

她是个工作狂,将工作和生活混在一起,赶上项目紧张时,甚至能通宵留在公司。

有同事调侃小艾:"你就这么喜欢工作啊?干脆住公司吧。"

小艾却认真回答道:"工作嘛,谈什么喜欢不喜欢。给够钱,我真的能在公司住下。"

很长一段时间,她工作到了拼命的地步。好在后来她升任了部门领导,算是扎根在了北京。

她将自己的大半积蓄和休息时间几乎都用在了旅行和体验生活上。她说,能亲身体验到小时候通过书本见到的那些风景,见识世界和生活更多的面貌,也是她小时候的心愿之一。

小时候无法满足的那些愿望,终会在长大后被已经成为大人的自己疯狂弥补。

有人说:"长大后我慷慨地宴请了小时候的自己。"小艾大概就是在这么做吧。幼时因为客观经济条件不允许而未能实现的愿望,都在自己有能力之后为小时候的自己实现了。

很多人喜欢的一些东西和想做的一些事,都是小时候想要拥有和期待去做的。比如小时候想要毛绒玩具却没有得到,长大后见到毛绒玩具就走不动;小时候想去游乐园玩过山车,可父母没有允许,长大后即便再害怕也要尝试一次……

其实有些东西，我们现在已经不需要了；有些事，我们也知道现在去做不会获得小时候的同等快乐了。但无论如何，我们还是想拼尽全力满足自己一次。哪怕只是体验一下毛绒玩具有多软，过山车有多刺激，也好验证是不是与自己小时候想象的一样。

因为经济条件对自己产生的限制已经深入骨髓，无论如何也不想让自己再受其影响，所以在每一个能够脱离经济限制的情况下，都想为自己努力一把。

生活当然不只有赚钱，但赚钱就是为了更好地生活。

02

办公室里有两把钥匙由我们自由支配。陈姐离公司近，固定拿着一把；另外一把在正常情况下，前一天谁最晚走就给谁留着锁门。自从青青来了之后，后一把钥匙就没有从她的手里离开过。

青青总是下班走得最晚的那一个，偶尔连周末她也会来公司加班。

国庆假期前，洋洋和办公室里的几个人说："我朋友去重庆玩了，等放假我也去。你们都有什么安排？"

青青："哪也不去，加个班吧。"

其他人："……"

洋洋问："青青，你欠债了吗？"

"嗯？没有啊。干吗？"

"那你怎么这么拼？"

"攒钱不行吗?"

洋洋显得更震惊了:"年轻人啊,你错过那么多好玩的,就不觉得遗憾啊?"

青青笑了笑:"我对那些又不感兴趣,我对赚钱的兴趣更大。"

青青是北京本地人,是独生女,现在和父母一起住,经济压力看起来不大。

她其实早早就经济独立了,我也不止一次地疑惑过,她为什么还那么拼命地工作。也不怪洋洋问她有没有负债了。

我没忍住,借着谈话的机会问她:"你为了赚钱这么拼命,不觉得辛苦啊?"

青青说:"也还好吧,我自己倒没觉得那么夸张。就算现在辛苦一点,可是只有自己有钱了,才有底气啊。人有生老病死,我可不想等我爸妈上了年纪、生病了之后,我养不了他们。"

原来,有些人拼命工作,只是在未雨绸缪。

赚钱是为了让自己不焦虑、不恐惧,不用害怕家人生病了没钱去医院,不用害怕自己年老时无可依凭,不用害怕因为缺少金钱而失去一些选择的机会。

我们不知道未来会出现什么样的风险,也不清楚未来有哪些机会,可以做哪些选择,而银行卡余额是我们唯一能够确定未来一定能够帮得上自己的东西。为了那份踏实和笃定的快乐,赚钱成为人生必不可少的课题。

想要得到什么，总得有同等价值的东西去换。

努力赚钱吧，希望我们在将来的某一天，都能够说出一句"幸好有钱"，而不是"要是有钱就好了"。在遇到种种不可预知的意外时，愿你不会因为贫穷而陷入卑微和无助。

03

表妹单身时说过："我以后就想找一个有钱人嫁了。"但最后她嫁的人，并不是什么有钱人。

结婚之后，她没有依靠老公生活，还改了三天打鱼两天晒网的毛病，只要是能够通过正常劳动挣钱的事，她都会去做。

我有一次回去住在她家，帮忙照顾了几天孩子。那几天她下班之后，会立刻又坐在客厅电脑前，电脑上传过来的信息提示声响个不停。

有一天我凌晨一点醒来，客厅的灯还亮着。

我走到她面前问她："还不睡？你也做副业呢？这么忙？"

她很会抓重点地反问我："'也'？还有谁啊？做什么的？"

一连串的问题让我有点发蒙，但还是回答她："我的一个朋友，她在录书。"

"挣钱吗？挣钱的话我也去做。"

"你会吗？"

"可以学啊。"

"现阶段还没有挣着钱呢。"

"那算了。"

以前那个会因为工作需要加班或者老板太讨厌而在试用期辞职的人，现在虽然也会在回家之后疯狂吐槽公司领导和同事，却在听到别人说"实在不想干了就辞了吧"的时候，立刻回道："等我房贷还完了、有钱了，我必辞！"

嘴上嚷嚷着"迟早不干"，却已经"迟早"了三四年，直到现在还没辞。

选择自由的基础是财务自由。

有足够的经济实力，我们才能拥有更多的选择权，选择喜欢的东西、喜欢的生活方式，选择眼下这个地方自己是离开还是留下。

愿你有前进的勇气，也有退后的实力，从容面对人生的每一次抉择。

但是，千万别把变得富有的愿望寄托在别人身上。别人能给你的，也能在某一天收回。只有自己赚到的，才真正属于自己。

第六章

允许
一切发生

看过世界辽阔，
再去评判是非

01

一个朋友过生日，托正巧在香港出差的同事给自己带了一个品牌的小包。拿到包后，她兴致勃勃拍照发了朋友圈。结果下面有人评论："过了三十岁还在炫耀，真的很没意思。"

她很是气愤，生气地回复道："有本事你也炫耀啊！"

我安慰她："如果他买不起，就会觉得你是在炫耀；如果他买得起，只会觉得那是你的日常生活。"

有人说"贫穷限制了我的想象力"，其实贫穷并没有限制我们的想象力，只是认知的局限性让我们难以理解没有接触到的事物。

小时候，我手腕上的手表是用画笔画上去的，很多小伙伴的手表也是画上去的，我就天真地以为所有小孩子的手表都是假的，是涂鸦。

直到看见某个小朋友的手腕上有一块真正的手表。据说买它花了一百多块，而那时候我的零花钱不过几块钱而已。我就想："怎么这么浪费钱啊，她妈妈一定是咬着牙下狠心买给了她。"

长大后才明白，以她的家境而言，她妈妈给她买那块表，既不必咬牙，也没有下狠心，那只是一件很平常的生日礼物。她也不是故意向我们炫耀，是我们都说自己有一块手表，五颜六色、奇形怪状，所以她也向我们分享了她的手表，只不过她那块刚好是真的而已。

我晒了一碗面，你晒了一个包，她晒了一栋房子，都是在向别人分享自己的生活。生活里有什么，分享的自然就是什么，你以为的炫耀也许只是别人普普通通的日常生活。

再普通的事物，如果不是很了解，就会显得有点特别。熟悉之后就会发现，那些曾经让你惊奇的事物也不过如此。

人总是困在固定的圈子里，只不过有的人圈子大，有的人圈子小。每个人都好像一只井底之蛙，区别不过是所在井的深浅和井口的大小不同而已。井口开得越大，看见的蓝天越多，越能意识到世界的广阔。因为，所学所见越多，越能感受到自己知识的浅薄和眼界的狭窄。

我们需要不断地拓宽自己的知识和视野。遇见更多的人和事，才能理解一些以前无法理解的事情。

就像《三体》中所言，我们要"给时光以生命，而不是给生命以时光"。探索是无尽的旅程，学习永无止境。

学习增加知识，探索丰富见闻，了解更大的世界，才能拓宽思维的边界。

02

如果三年前有人问我:"你觉得什么工作最轻松又赚钱?"我会回答:"直播卖货。"

但如果现在有人问我同样的问题,我会说:"没有轻松又赚钱的工作。"

前两年,网络上动不动就出现年入百万的带货主播,让我一度以为只要干了这一行就能实现财富自由。他们的工作内容只是在直播间说说话聊聊天,钱赚得好轻松。

直到朋友平平做了美妆博主,算是入了这一行,我才有了不同看法。平平说:"年入百万的公司有很多,年入百万的主播可一点不多。就算真的年薪百万,也会有人辞职不干。"

有一次,平平的直播间做气垫专场。她一次次上妆又一次次卸掉,偶尔还会用力擦自己的脸,用卸妆后红得吓人的脸来证明产品上妆的效果。

直播间有人说:"看着心疼了,轻点吧。""已经看见效果了,挺好的,不用那么用力。你的脸像是要流血了。"

她笑着回应:"宝宝,不用心疼我,这是我的工作。看见效果就好,真的很好用。"

然后有人在公屏上发:"好用有什么用,用了烂脸。"

平平回应道:"怎么会!没有烂脸啊。"

"你自己的脸都成那样了，还让别人买啊。"

"我一场直播要擦几百次脸，所以红是正常的呀。而且我每天都熬夜，今天凌晨两点才睡觉，所以皮肤不太好。"说着她用手摸了摸有点起皮的脸。

有人还在不停地刷屏："你们的钱真好赚，这样的脸还能卖化妆品。"

……

她没有运营团队，不能将恶评及时删掉，只能一刻不停地介绍产品，装作看不见恶意评论，艰难地完成了那场时长六个小时的直播。

工作是个围城，不要羡慕别人。

网上有一个问题："为什么总觉得别人的工作比自己的更好？"

有一个高赞回答是："别人的工作我们只能看见，看到的苦远没有亲口尝到的苦印象深刻，而看到的甜则因为加入了羡慕和幻想的成分，而比实际尝到的要甜得多。所以看着别人的工作好，只是因为没有亲自体验。"

一个行业里能够获得成功的人，大概只有20%左右，剩下的都是普普通通的从业者，有着外人看起来的风光，也有着只有自己知道的困难。

因为没有做过，所以下意识忽略了别人在光鲜外表下所受的苦，认为自己的难过才是最深刻的，别人都是轻轻松松就度过了。

看不到别人处境的艰难和需要付出的努力，总是下意识地以为自己所在的行业最没有前途，自己的生活最没有希望，羡慕别人的生活。

其实，很难说谁比谁受的苦更多。毕竟每个人的感受不同，你认为不值一提的事情，对别人来说也许就是致命打击。

《杀死一只知更鸟》中有这样一段话："你永远不可能真正了解一个人，除非你穿上她的鞋子走来走去，站在她的角度思考问题。可当你走过她的路时，你连路过都会觉得难过。"

每个人的认知范围都有所局限，不要将自己的评判标准用来评判别人，没有经历过，就没有资格评判。

03

摄影师冰冰停更了几天后，又上线更新了，她这次去了非洲的坦桑尼亚。

她说："要不是出差来这里，我一定不会来，也不敢相信这么美丽又自由的地方在非洲。"

在此之前，她对非洲的了解停留在从电影和微博视频得到的印象：那里的人肤色黝黑，用手抓饭吃，女人的头上包着纱巾，额头上点个红点，还会戴鼻环……

其他人得知她要去非洲，反应也是："呦，去非洲啊，注意安全呀，别出点什么事。"说得她很害怕。

可她真的到了坦桑尼亚，看到的是热情且能歌善舞的人和得天独厚、孕育无数生命的森林草地，还有被称为"印度洋上的绿松石"的桑给巴尔岛。那里有像绿松石般清澈的海水，白色的浪花拍打着海岸，她的镜头里充满了梦幻和自由的味道。

她说："坦桑尼亚是一半海水一半草地的国家，这里到处洋溢着自由的气息，时时刻刻都可以放飞自我。

"来过就会知道，它比想象里真的好太多了！"

有人说："你把非洲过度美化了，现实没这么好。"

她说："或许吧。无论如何，我描绘的是我亲眼所见的一部分现实。也许你心中的非洲是另一番景象，但那也只是你眼中的一部分现实。我们都一样，所见都不完整，因此，谁都不必妄加评判另一方的看法。"

一个人能见证的东西实在太有限，造成了人和人看法的差异，这本没有对错之分。

人习惯于用固有的认知去看待别人和理解世界，形成对人事物的"刻板印象"。每个人的世界都带着独特的色彩，越是故步自封的人，他的世界所承载的色彩越重，直到失了真。

有时候，你对事物的认识并不是它真实的样子，而是被你的心修饰后的样子。

也就是说，你只看见了你想看见的，而没有看见客观真实的。

只有不断打破自己认知的局限，放下固有的成见，才有机会接触到真实的世界。

不要因为自己不了解，就轻易对别人的观点判定是非对错。

事实上，有些观点被广泛认可，不过是因为支持它们的人多，为它们发出的声音响亮，从而被更多的人听到了而已。观点交锋后的短暂胜利，不是其被奉为真理的标准。

人不能囿于自己的小圈子来评判世界。我们应该做的，是在广泛见识之后，努力接近事实的真相，然后尽量客观地去评判是非。

就算你不喜欢现在的日子，
它也不会再来了

~~~~

01

照片大概就是大脑回忆的开关，看见照片，就能在脑海里自动播放故事集。

相册里的每一张照片，都能引发一次长久的回忆。

就像这一张照片，亚楠站在最前面，我、小蒲和小梅三个人站在她的后面。我们的后面是海，眼前是雨雾，头发湿成了一缕一缕的。只有亚楠在前面笑得很开心，后面三个人的表情则是苦笑。

那是我们第一次一起出去旅行。为了去青岛看海，我们做了很久的旅行攻略，特意安排行程以赶上日出与退潮的时间同步，那时我们会一起赶海。

看日出的当天，我们凌晨四点就起床，拿上赶海的工具，兴致勃勃地出发，却被海边的大雾打了个措手不及。

本该在四点五十八分出现的日出,因为大雾,我们什么也没能看见。当天很冷,我们站在雾里等了一会儿,头发被打湿了,就冻得更厉害了。

小梅说:"要不我们回去吧,这天儿也看不见日出啊。"

我冻得说话都发抖:"对呀,太冷啦,回回回,我要回去。"

亚楠却阻止道:"来都来了,拍张照片再走吧。"

小蒲嘟囔了一句:"现在也拍不出什么好看的照片吧。"

说是这么说,她还是拿出手机拍了几张。我们三个拍完只想赶紧走,亚楠却非要点开大图看一看效果。结果这几张照片她很不满意,就擅自做主把照片删了,然后拉着我们要再拍几张。我们明确要求她,无论是否满意都不能再删了,她满口答应。我们由着她又拍了一张,就是我现在看见的这张照片。

拍完已经是五点半左右了。这时突然起了风,我们被吹得更冷了,但是雾也被这阵风吹散了,太阳毫无预兆地突然出现在了我们的身后。我们为突然现身的太阳尖叫惊呼,寒风将大雾打湿的头发拍打在我们的脸上,这就是那天我们与太阳的第一张合照,也是我刚刚划过去的那张照片。

其实这两张照片,完全没有美感可言。那天的情形实在不太好,我们瑟瑟发抖地在雨雾里等了半个多小时,想象中的美美的日出照变成了略显敷衍的游客照,期待的赶海也没能实现,事后还遗憾,好不容易去一趟青岛,却没能满足心愿。

可是再看到这两张照片,想起当天的情形,我忍不住莞尔,觉得与朋友一起在寒风中发抖是十分有趣的经历,照片里的每一个"瑕疵"都变得十分可爱。

鼻子竟然开始发酸，我意识到，再糟糕的天气、再倒霉的经历，都是独一无二的，我们再没有机会体验第二次了。

有时候，那些当下觉得糟糕的事情，在未来并不是糟糕的回忆。

有人总说自己现在如何如何倒霉，还比不上过去。那有没有一种可能，你过去也曾这么说？

当然，我们在时光机里持有的是单程票，没办法回到过去。所以有时对过去的追忆会被大脑自动美化，只是因为那些时光已然逝去，无法再拥有。

过去没你想的那么美好，现在也没你想的那么糟糕。

有人总是对现状不满意，但是也不能立刻到达未来，于是在生活里患得患失。其实想要得到安全感很容易，努力把握住能把握的东西就行了。而我们唯一有机会把握的，是当下的每一刻。

有人问："为什么我没有感到幸福的时刻呢？"

"因为你总是在想现在得不到的，而忽略了当下拥有的。"

如果美好的事物仅仅作为不被珍惜的过去留在回忆里，会让你感到遗憾，而遗憾会削减你的幸福感；当回忆里的过去被真心珍惜，才会让你感到庆幸和幸福。

哪怕是为了未来的美好回忆，此刻的一切也值得珍惜。

02

安妮在微博发了一句感慨:"有时真的很怀念创业的那段时光,虽然累,但是开心、简单而充实。"

安妮前两年和两个朋友一起凑了十几万元钱,做起了她们的老本行——电商。她们租了一间大概三十五平方米的小办公室,直播、运营、仓储和打包都在这里。加班到凌晨一两点是常有的事。

有一天,她们仨因为数据不错,加班追加预算,凌晨五点还没有休息。安妮饿了,就想泡桶方便面。

饮水机在办公室另一边的窗户旁,那边的灯关了一个,她走过去,却没觉得黑。往窗户外面看去,阳光穿过重叠楼宇的缝隙,有几束洒进了她们的办公室。

安妮泡好面回去,略带夸张地和伙伴们说:"太阳都出来了,我们又通宵了。"

伙伴们也哀嚎着:"等赚钱了,我要疯狂补觉!"

然后她们向安妮的泡面伸出了手。安妮浅浅翻了个白眼:"我问你们的时候你们还说不要。"

"本来没觉得,闻到味道就饿了。"一桶泡面被三个人瓜分了。

那时,日出对她们来说只是通宵的信号。

后来有人问起安妮创业是什么感觉,她说:"凌晨五点的日出挺漂亮的,一桶泡面被三个人分吃,很少,但是很好吃。"

日子就是这样,一眨眼就过去了,然后永远被人怀念。

喜欢或不喜欢，时间都很公平，一样让你体验，让你经历，让你拥有，也让你失去，既不会跳过哪一天，也不会因为你的留恋而多出一天。

爱与不爱，过去的日子都不会再来。

生活和人一样，是复杂而多面的。你在感到痛苦的日子里，是不是也发现过一些开心和值得记住的瞬间？只是那时候痛苦的感受太盛，让你忽略了小小的快乐。

还好我们有回忆，回忆让我们有机会重拾曾经忽略的幸福，让我们在想起过往时不觉得虚度。

我们总是下意识地选择忘记痛苦，记忆快乐，所以以前快乐的事会在我们的一次次回忆中，被冲刷得更加清晰。哪怕只是寻常小事，当时并没有刻意记住，也会在未来变成闪闪发光的回忆。

日子就像一支支射出的箭，随着时光逝去，喜欢的、不喜欢的都过去了，再想体验都没有了，我们唯一能把握住的就是此时此刻。

每一个当下都值得好好对待。

原来最珍贵的是平常。

03

云朵请了几天病假，周末我去她家看她。

还没进门，就听见了一阵孩子的哭声。进去一看，果然她的小儿子正在号啕大哭。奶奶正抱着孩子哄他，但孩子的手一直往云朵的方向伸。她叹了口气，把孩子接了过来。

我小声问："这是怎么啦？"

云朵疲惫地小声回我："我刚才想把文件做完，把他给奶奶带一会儿，就不行了。"

我惊讶："你怎么请病假了，在家还加班啊？"

云朵说："就一点东西，在公司不到一个小时就能弄完，在家弄了一天了。"

她把孩子抱在腿上。茶几上放着电脑，她一边搂着孩子，一边收尾工作。

我看着孩子的小手动个不停，想要摸电脑按键，就说："要不我先抱会儿他？"

云朵苦笑："他不跟你。只要我在这儿，他谁也不跟。"

我更惊讶了："那只要你在家，就得一直抱着他吗？"

她叹了口气："唉，一点自由都没有。"

孩子奶奶想回老家住一段时间，为了不影响他们夫妻工作，就与他们商量带孩子回去。她老公也同意这件事，唯独云朵不愿意。

我问她："为什么呀？这样你不正好能歇几天吗？"

云朵说："虽然现在挺累的，但是我知道他缠不了我几年，以后我想让他缠着我恐怕都不行了。我不想失去哪怕一点陪孩子长大的机会，免得日后为错过他的成长而后悔。"

大概很多母亲都是这样吧，一面确实感受到了孩子对自己的牵绊，觉得失去了自由；一面又不舍得错过孩子成长的点点滴滴，恨不得他每一天的变化都被自己看在眼里、记在心里。

因为童年很短，而未来很长。

孩子只会在他童年的这几年，每时每刻都想粘着妈妈。随着长大，他会逐渐有自己的想法、自己的秘密，也将逐渐独立，拥有自己的世界。

过不了多久，那段让你抱怨的因为照顾孩子要熬夜的日子就过去了，那个常常冲你哭，也常常对你笑，时不时就找你要抱抱，需要你拍背安抚才能睡觉的宝宝也长大了。

他们从每天都会回家，到每周回家一次，后来是每月一次，再后来，不知道多久才会回家一次。也许他们会到离你千里之外的地方工作生活，不再缠着你，也不再需要你。

当你看到其他小孩子而回忆起曾经，就会知道，那个缠着你的孩子也给了你陪伴，那个需要你的小小的人儿也给了你快乐。

再频繁的记录也追不上时间更迭，日夜陪伴的宝宝，用相机拍着拍着就长大了。

孩子从不会翻身到能跑能跳，从懵懵懂懂到知情识趣，这个过程是人生的独特篇章。童年只有一次，成长不会重来。

因为孩子黏人而失去自由的日子，再难熬也会过去，并且不会再回来了。

你们相互陪伴的时光，会成为未来最珍贵的回忆。不要等到错过，才后悔和遗憾没能好好陪伴。

如果他还没长大,你还未老去,那么时光正好。

珍惜他还依偎在你怀里的日子吧,你还有机会细细品味陪伴中的点点滴滴。

时间不一定是药，
但药一定在时间里

01

假期去逛商场，刚从一个服装店出来，右转就碰到了小葵。她主动与我打了声招呼："今天真巧啊。"

我也说："嗯，是啊。"

"我一会儿去看个电影，你干吗去啊？"

"逛逛就回家了，没什么安排。"

"行，拜拜啊。"

"拜拜。"

我简直不敢相信，时隔多年再见面，我们竟然会有这么平常的对话。

小葵曾是我的同事，也曾是我的朋友。那个时候，我们俩在公司十分亲近，合作默契，周末还会一起唱歌，一起逛街，一起去美食店打卡。我真心以为在工作中交到了很好的朋友。

根据公司安排，我们部门会有一个人被调到外地一段时间，职位也会晋升。当然这种事有人想去，有人不想去。

突然传出了小道消息，说这个人可能是我。小葵对我说："提前恭喜你啊，能晋升多好啊。"

我笑着说："晋升当然好啊，不过也不一定是我呢。"

最后通知要去的人，是她，不是我。

她离开之后，和我的联系就变少了，通常都是我主动联系她，她的回复一般是单字的"嗯"。我以为她这样是因为异地和工作忙，没有对我们的友谊产生怀疑。

一天，领导突然问我："其实外派也不是不回来了，还能升职，你也没结婚，为啥不想去呀？"

我不太理解她的话："什么外派我不想去？"

"上次外派，本来定你了，小葵说你不想去……"

因为我俩的关系好得人尽皆知，所以小葵口中的我让领导深信不疑。

我质问小葵："你是不是和领导说我不想被外派？"

小葵避重就轻地回道："现在问这个干什么？我不记得了。事情都过去了，你翻什么旧账？"

"你说了，是吗？"

"领导挺喜欢你的，以后你不是还有机会吗？"

"你觉得自己没做错?"

"我就是为自己争取了一下而已。"

"你靠背刺别人争取啊?!"

说完这句话,我删除了她所有的联系方式。我们就此断联。

她无所谓,也不觉得自己做错了什么。手机消息框的文字让我感受到了一腔热血和真心被辜负的冰冷,冷过之后是被朋友伤害带来的难过,难过到心里发疼。

我以为当我再见到她的时候,会生气地刺上她两句,或者干脆转头就走,权当没有看见。

可是时隔多年真的再见,我竟没有什么情绪,没有想象中那么讨厌她,也没有遗憾我们曾经的友谊,就好像只是遇到了一个问路的陌生人,内心平静,毫无波澜。

原来时间真的可以治愈一切伤痛。

只有我们在乎的人才能伤害我们,而当他变得无足轻重后,他带来的伤害也变得模糊。

时间会冲淡一切,再沉重的难过,后来也能被平静地谈起。

岁月轻描淡写了过往,我们不是原谅了伤害,而是看淡了伤害。

时间本身没有疗愈功能,但我们疗愈需要时间。只要时间够久,就没有不可治愈的伤痛。

02

在社交媒体分享职场经验的绾绾被人问道:"在职场上怎样才能快速成长?"

她回答:"去做。"

绾绾现在是资深的互联网产品经理,但她初入职场时,周围都是经验丰富、履历优秀的同事,对比自己对行业的陌生,她感到非常焦虑。

当她被同事质疑时,往往会被怯懦和尴尬的情绪主导,而她越是想避免这种情绪,就越容易陷入这种情绪。有一段时间,她陷入了恶性循环。

后来,她意识到,既然逃避不能让自己的状态好转,就应该正视那些令她产生尴尬的时刻。

在又一次被别人质疑时,她终于鼓起勇气说:"我们可以再讨论一下。"紧接着努力思考方案的可行性。

她说:"在这个时候,要先解决工作问题,再处理个人情绪。"

由于同事们在会上提出的专业术语让她听得云里雾里,她就在会议纪要里把关键词记下来,会后查阅资料或者请教别人。

每当碰到一处不懂的地方,她就去查,去学习。偶尔她会问一些傻气和幼稚的问题,别人解答后,她连连感谢,下次继续去请教。

她陆陆续续地帮别人做了一些项目,但是一直没能独立去做。当领导交给她第一个由她负责的项目时，只接触过理论没有实践经验的她，尽管内心忐忑不安，还是立刻答应了下来。

万事开头难，她第一次跟了项目全程，每一处都要参与，还要事后复盘，这些都变成了她宝贵的经验。

她说自己快速适应职场的经验就是，给自己一种暗示："哪怕成绩一般，也是一种历练。做了就会学到，学到就是赚到。"

先完成再完美，答案就在当下行动的每一步里。

不用因为自己没有经验、知识匮乏而焦虑，缺少什么，就用行动填补什么。没有经验，可以积累，知识匮乏，可以学习，重要的是有目标并且付诸行动。

不要预先设想一件事情的难度，要亲身体验和感受。想象出来的并不真实，只有切实的感受才是真实的。就像一杯水摆在那里，烫不烫，只有尝过的人才知道。

不去行动，只是单纯地焦虑于事无补；只有行动才有可能解决问题，得到想要的结果。

如果你对当下的状态不满意，那就行动起来吧，努力会让你看见改变。

想，都是问题；做，才有答案。

行动，是治愈焦虑最好的良药。

你只管在当下拼尽全力，成长得慢一点也没关系，时间会见证你的努力。

03

　　平平对我说,她终于又要开始找工作了。我猜她还是会回到她从前的行业,要不然就是凭借着做美妆博主得来的经验换到美妆行业,一个是她熟悉的,一个是她喜欢的。

　　果然,她做了彩妆销售。

　　不过,我听到的时候还是有点惊讶。因为她总说自己不喜欢与人打交道,尤其不喜欢做需要看别人的脸色来保证自己利益的事情,这也是她放弃做博主的原因之一,我以为她会对销售和服务类工作敬而远之。

　　我问她:"你之前不是不想做销售吗?"

　　平平答:"我都找一个月工作了,这个已经很不错了。总不能一直挑挑拣拣,啥也不干。"

　　过了一段时间,我的手机提示音突然响个不停。我还以为是哪个群聊炸了,点开一看,才知道是平平发来的消息,都是将近六十秒的长语音。

　　她说她在工作时见识了一个古怪的顾客,每天把他们那里当成了自己的化妆间,完全无视其他人,来了就开始化妆,一天一个样。让她最受不了的是,这个顾客想试指甲油,不自己涂在手指上,而是脱了鞋子,让她挨个拿来涂在她的脚趾甲上。

　　听完之后我回复道:"这太过分了吧,你没拒绝吗?"

　　平平的声音听着气愤不已,又像是受了大委屈的样子。她说:

"我哪能拒绝啊。公司倡导热情服务,时不时还来人暗访,服务不过关都要挨罚。"

我试探地问:"那你还继续干吗?"

平平干脆地说:"干啊!不然我又裸辞吗?我又不是小孩了,任性的成本太大了。我肯定是做好准备了再辞,不会随随便便走的。"

平平对待生活向来奉行的是"千金难买我喜欢",尽管会因为父母的约束而乖乖听话一段时间,但也不会坚持太久。不然她不会在对安稳的工作失去兴趣后,果断辞职做了美妆博主。

不过她在工作上随心所欲了一次之后,就变得谨慎起来。她不想让毫无保障的自己承担任性的结果。

我们要为自己的行为负责,再怎么想随性而为,也不能悔恨地为任性买单。

尝过因任性而后悔的滋味,才会左右思量,谨慎而为。

时间让人经历,经历使人成熟。

有人说,为了更好地被爱,为了自由的生活,女孩子就要任性一点。可如果拿捏不好任性的分寸,过了头,就成矫情了,非但不会自由,反而容易后悔。

有两份工作摆在你的面前,有一家待遇更好,但你不喜欢,另一家你喜欢,但待遇差了些。两份工作都能保证你的温饱。这种情况下,哪怕有人劝你认清现实,你也可以任性地选择自己喜欢的。

但如果只有一份工作摆在你的面前,你因为不喜欢它就无视生存的压力,拒绝接受,这不仅是任性,也是矫情。

人当然可以任性,但首先要有能够为任性的你托底的实力和资本。这样哪怕任性的结果是失败的,你也不至于跌到谷底,将罪责都推给当时的自己,在一遍遍的回忆中后悔。

任性应该是有保障的游刃有余,而不是付出所有的豪赌。

感谢时间,让我们有机会经历生活;感谢经历,让我们有机会积攒任性的资本。

时间不能使人成熟,但时间里的种种经历是成熟的催化剂。

# 我别无所求，
只想被阳光晒透

〜〜〜

01

　　我正坐在咖啡厅里看书，慢慢地感受到后背开始发热。我没怎么在意，继续看书，突然一缕阳光照在了我面前的书上，我这才抬起头。

　　原来太阳已经移动到了我从窗内侧头就能看见的地方。外面的天好蓝，阳光看起来好温暖，显得世界好干净。我没忍住，走出去看了看。

　　出去之后有点凉，和室内的感受不一样。但我没有回去，还是在周边走了走。刚好附近有一座公园，一进公园大门，就看见了将公园小路环绕起来的绿植。

　　我坐到了路边的椅子上，闭着眼睛抬起头，感觉阳光透过头顶的树枝，直直地照进了我的眼睛里，照得我全身变暖。

　　忽然想起晓晓在家里的阳台上安置了一张小床，布置得比她的卧室还要温馨。有一次，我去找她，她拉了一个懒人沙发到阳台上，非要和我在阳台上聊天。刚开始我还笑话她不懂待客之道，哪有把客人往阳台安排的呢？她没理我。

聊着聊着，阳光逐渐射进来，阳台慢慢变暖，我们一个侧躺在床上，一个窝在懒人沙发里，都昏昏欲睡。

此前从未有过哪一刻，让我觉得狭小的阳台有这么舒服。

我想，阳光是世界上最公平的礼物，只要是晴天，它都会出现，在固定的时间、固定的地点，每一个想要见到它的人不用费力寻找就能看到它。

在晒到太阳的那一刻，仿佛身体里和情绪中的潮与湿都散开了，整个人通透地享受着阳光和生命的每一个细微之处。

不必接受信息，也不用思考什么，放任自己的大脑在温暖中放空。只是呼吸，只是感受，感受阳光带来的美好时光。

诗人余秀华曾说："阳光好的日子，会觉得还可以活很久，甚至可以活出喜悦。"

永远不要失去追求幸福的希望，只要你还能感受到微风和日光，就说明生活还没有糟糕透顶。当温暖的阳光洒在你的身上，幸福就已经降临。

02

洋洋是跑进公司的，一进来就大声问我们："谁带安卓手机充电器了？"

我举起来给她:"我这里有。"

她接过去慌乱地把充电器插好:"呼——'死亡'三十秒,还好赶上了。你是我的救星!"

"什么情况?"

"昨天晚上忘充电了,路上全程靠着'超级省电'过来的。"

她坐在椅子上平复了一下"三十秒后关机"带给她的刺激,然后拿起还充着电的手机,手指快速地点着。

我问她:"你干吗呢?"

"记录一下。"

"记录什么?"

她把手机往我这边递了递。我偏过身看,屏幕上是备忘录,上面写着"今天地铁有座。手机极限三十秒顺利度过"这两行字,标题是当天的日期后紧跟"今日份小幸运"几个字。

我有点难以置信:"你每天都这么记吗?"

洋洋懒洋洋地说:"有就会记下来呀。"

"记这些做什么?"

"时常提醒一下自己是一个幸运的人啊。我有这么多开心的事情,偶尔遇见一点不开心的,也没必要太难过。我生活得超幸福。"

她把她的幸福分享给我看,几乎每天都会写。有些是重复发生的事,有些是新鲜的事,她没挑选,只要在当天让她觉得开心了,再小的事情她也会写上去。

"期待好久的电视剧竟然突然播出了,略微看了一点,果然是我喜欢的。又多了一部可以追的剧。"

"闹钟在七点响了,但是我没起床,因为今天是休息日!哈哈哈!"

"什么?刚换上的外套里竟然有一百元现金,那岂不是说明我凭空赚了一百块!"

"要热倒的最后一刻,我进了有空调的商场,太舒服了!"

"今天的煮鸡蛋又是非常完美,这项技术我果然已经炉火纯青了。"

"向栗子'安利'的电视剧,她说很好看,嘿嘿嘿。"

……

我的嘴角止不住地上扬。其中很多事情我自己也经历过,所以看见就能立刻回忆起那种快乐。

不过在看到她这么详细的记录之前,我没有想到,原来我曾经遇见过那么多让我快乐而满足的事情,难怪她要记下来。

我们总是记得自己又遇见了什么难题,受到了哪些伤害,感受着生活被繁忙的琐事和接连不断的挫折填满的痛苦,却对那么多微小的快乐视而不见,感叹自己的愿望得不到满足,身边的人都太过冷漠,人生很少有快乐……

当我们开始有意识地探寻和珍惜生活中细微的美好时,就会发现,真正构成我们生活的,恰恰是那些琐碎的看似微不足道的"小确幸"。

快乐不需要惊天动地,生活的美好不在于表面华丽,而是在于平凡的日子中蕴含的温馨与满足。

这些美好，是生活里蜻蜓点水般的轻盈点缀，也是洒落你一身的温暖光芒。

一件件微小但快乐的事情如同气泡水，给你带来的喜悦像是拧开盖子后冒出的气泡，"咕噜咕噜"冒个不停。

再细小的温柔也值得我们记住，碎片式的快乐也能拼凑出幸福。

每一个细微的美好，都带来了一份快乐与满足。

世界纷扰，能拥有这样的满足，就已经是一种难得的幸福。

记性不够，记录来凑。

因为知足，所以更接近幸福。

03

小时候，我对院子里的几株向日葵产生了极大的兴趣，仰着小脸问妈妈："它们为什么要跟着太阳转？"

妈妈说："因为它们在努力追求光明啊。"

我似懂非懂。

妈妈说："你要向向日葵学习哦。"

后来，我懂了，无惧风雨、一心向阳，就是向日葵的魅力。

晓晓有一个表妹，自小就因为父母常年在外工作而被寄养在亲戚家。可亲戚家也有自己的孩子，所以对她并不是很上心。小学最后两年，她是独自到城里读书的。

后来，父母把她接过去一起生活了。可是父母感情不好，总是吵架，有时吵得厉害了，会连带着骂她。

考上大学之后，父母觉得女孩子读书多没用，不想再出钱供她念书，她就一边打工赚钱，一边上学。

她的事在别人听来是不幸的，但是晓晓每次见她，都看到她有说有笑，与别人正常玩闹，身上没有一点阴霾。

她从没有主动提起过自己的日子过得有多难。晓晓想，也许她是不想亲友担心而强颜欢笑，就去开导她。

可她却笑着说："为什么你们都觉得我不开心呢？只有抱怨现在的生活才算正常吗？我真的没觉得自己比别人苦。就算家庭不如别人的好，阳光、落日还有街边的鲜花这些免费的东西我一样都不差。我总能看着它们就感到快乐，你应该为我感到高兴。"

如果用一种植物来形容她，最适合的就是向日葵吧。

向阳而生，逐光而行，心怀暖阳，无惧风霜。

生活中有顺境、逆境，有时甚至会遇到绝境。可哪怕在绝境中，是向暗而行还是向阳而生，自己仍然可以选择。

《滚蛋吧！肿瘤君》这部电影里，主角熊顿是一个失业、失恋接踵而来，又在自己的生日会上晕倒，之后发现身患癌症的女孩。

确诊病情之后，她和病友半夜外出喝酒兜风。

病友问她："你害怕吗？"

"害怕什么？"

"害怕当别人的人生刚开始的时候,我们的人生就结束了。"

熊顿丝毫没有沉重的心情,还晃着身子笑着说:"你得相信,上帝给我们安排的每一次挣扎,都是有目的的。跟死神亲密接触的机会都没有过,那才叫白活了。"

病友说:"我倒不是怕死,只是回想这三十多年,活得就跟没活过似的……"

"这你就不懂了,为什么安排我们生病,就是提醒我们,要珍惜,抓紧有限的时间燥起来。哪怕是冲动,也就后悔一阵子,但要是活得太怂了呢,就会后悔一辈子。"

"死,只是一个结果,怎么活着才是最重要的。"在病情被确诊之后,她反过来安慰朋友和父母,若无其事地说笑、玩闹,没有不安,没有不开心,仿佛她患的不是癌症,只是随时能痊愈的小感冒。

在得知时日无多之际,她将自己的心愿列了一个清单,挨个去实现,去听摇滚、飙摩托车、喝烈酒……余生的每一天她都过得没有遗憾。

熊顿最终没能抵抗过病魔,但是她在生命的最后依然放肆地大笑,她录了好多次视频,并以此主持了自己的葬礼。

这部电影是由漫画改编的,而漫画主角的原型,是《我用微笑,为你赶走阴霾》的作者熊顿。

生活有时的确难得可怕,可是再可怕的事情也会有过去的时候。

这个世界上最无法挽回的事情就是死亡,面对癌症和死亡尚且有乐观的活法，那还有什么困难是过不去的呢？

活得光明、灿烂、阳光而无缺憾。

向阳生长，便能逆风而上。

内心有光，次第花开。

时光匆匆流转，
别等来日方长

01

散步的时候，我坐在一个石椅上休息，刚好能看见对面一个看起来很高档的小区，心里忍不住想："这里的房子得多少钱啊，完全买不起。"

这附近有两个地铁站、两家幼儿园、三家中小学，大商场一个接一个，还有一个大型超市也正在建设中。

十年前，这里没有中小学，只有几家零零散散的小商场，没人争着买这里的房子。可是如今，周边配套设施的建设早就让这里的房价翻了不知道多少倍。从前这里的房子因为人们看不上而无人问津，如今却高攀不起了。

爱情和买房一样，都讲究时机。没人会在原地等你，也别等什么来日方长，等错过再谈珍惜，为时已晚。

电影《后来的我们》里，方小晓和林见清的感情满是遗憾，刚好印证了那句歌词："有些人，一旦错过就不再。"

他们相爱又分开。多年后相遇时，见清问小晓："如果当时你没有走，后来的我们会不会不一样？"小晓却说："如果当时你有勇气上了地铁，我会跟你一辈子。"观众也不由得觉得遗憾，想象着："如果……结局会不会不一样？"

可惜没有"如果"，故事的结局就像小晓说的"I miss you"一样，"我错过了你"。

见清最终与别人结婚生子，小晓也回家开了自己的小店。

总有人觉得离开和错过都是暂时的，结果转眼就是一辈子。

后会可能真的会无期。想要珍惜一个人，就从现在开始吧。

你不能决定谁出现在你的生命里，同样也挽留不了要离开的人。你能做的只有珍惜不期而遇的惊喜，也坦然面对突如其来的离别。

如果遇见了对的人，就用对的方式去对待这个你想要陪伴一生的人。

别等对方和你说："已经太晚了，我们回不去了……"

小琳和姚哥从小一起长大，小学、初中、高中都一起上下学，一起玩，一起闯祸，也经常去对方家里吃饭。直到小琳高考失利，留在了本市，姚哥却考去了南京，两个人一下子相隔千里。

小琳以为他们之间的距离变远，也丝毫不会影响他们之间的感情。姚哥曾多次向小琳表达心意，她却总是避开话题。

去年,姚哥回家的时候,带来了他已经交往半年的女朋友。

其实小琳也想过接受姚哥的心意,只是她总觉得自己在变得更优秀后才配得上他的表白。姚哥却以为小琳完全没有恋爱的想法,就尊重她的选择,只做朋友。

小琳的畏缩让她错失了这段感情。

有些东西一旦错过就来不及了,你们之间没有你想象的那么多以后。

想要变得优秀再站在爱人的身边固然没有错,但是等你变优秀了,他还一直在身后等你回头吗?

爱你的人,不在乎你是不是完美的,他爱你,是爱上了这世上独一无二的你,是你身上的一切组成了他喜欢的样子,而不是他喜欢什么样子,你就该变成什么样子。

你可以没有美丽的外表,也没有让人惊叹的才能,但平凡的你就是独特的你。

已经产生的感情,不要只在心里回味;喜欢了很久的人,不要总是等待机会。

你总想再等等、再等等,认为未来总有机会,可是万一当下就是最后一次机会呢?毕竟没有什么东西是一成不变的,错过和来不及也不是什么稀奇的事情。

《可惜没如果》里有一句歌词:"全都怪我,不该沉默时沉默,该勇敢时软弱。"我们也一样,习惯了检讨昨天,安抚今天,等待明天。我们总以为来日方长,可是没有那么多所谓的来日。

有些人,有些事,错过便是错过,一转身,就成了一辈子。

所谓珍惜,是每时每刻,不是往后再说。

02

请假回家的奈奈打电话找我聊天,我才知道她的外婆刚刚过世了。

她一遍一遍地和我说,前两天整理外婆衣柜的时候,她一边整理一边哭。她伏在柜边,哭得不能自已,手里叠着一件又一件衣服,想着它们都在什么情况下被外婆穿过。突然,她抬起哭得蒙眬的眼,呼吸急促,心跳加速,不断地在心里问自己:"这些都是外婆的衣服?为什么?为什么没有一件是我买给她的呢?"

她被自己的发现惊得呆住,一时忘了难过。明明在工作之初,她曾在心里无数次地想过,要用自己挣到的钱给外婆买好多好多东西,也曾向外婆承诺要给她买很多漂亮衣服,让她成为一堆婆婆里最美的那一个。

可是,言犹在耳,外婆却已经不在了,她没有实现自己承诺的机会了。

她在电话那头边说边哽咽,说了无数次"后悔"。后悔自己之前以工作忙为借口,错过了很多能回去陪一陪外婆的机会;后悔自己没有耐心,曾对外婆的唠叨发过牢骚;后悔没有直白地向外婆表达"我爱你",现在想说却已来不及……

很多事没有来日方长,很多人只会乍然离场。

有时一别,就是永远。

亲人在时,总觉得将来有机会给她做好吃的,买好看的衣服,带她出去玩,陪在她身边,来日方长,不用着急。

可是在想到来日方长时,却忘了时光荏苒、岁月无常。有些人等不到你设想的以后,他们与你分别的每一面都有可能是最后一面。也不是所有人都会等你把想说的话说完、想做的事情做完再离开,他们走得太急,急到你来不及做心理准备。

没有爱可以重来,也没有爱经得起等待。

光阴逝去得太快,当我们逐渐成长、成熟,有很多人正在老去。翻翻手中旧时的相册吧,照片中的孩童变成了大人,大人变成了头发苍白的老人,而有些老人只能在照片里才能见到了。

过去的光阴已经带走了一些与我们血脉相连的亲人,余下的时光,父母长辈还能陪伴我们多久?这一辈子说长也长,说短也短。

陪伴和爱要趁现在,别等亲人逝去才后悔没有好好珍惜。在拥有的时候牢牢抓紧,在能爱的时候就好好爱。

世事无常,离别猝不及防,别再认为来日方长。

03

爸妈带奶奶来北京待了几天,我带他们去吃了全聚德,整体感觉不错。

奶奶很喜欢全聚德烤鸭皮的口感,肥而不腻,蘸着白糖吃最好。连一向不沾鸭肉的妈妈也赞不绝口。

爸爸一向对荤腥不太热衷，因此在满桌子荤腥之外，我给他要了一道白灼广东菜心。他说这个菜的解腻效果不错。

吃完饭，我们去鼓楼那边逛了逛。有一家网红甜品店"仙豆菓夫"挺有名的，我们排了将近三十分钟队才买到了四个乳酪罐子，两个抹茶的、两个巧克力的。两种口味都不太甜，爸爸不爱吃甜，但也能接受。奶奶一边吃一边说："有点腻。"吃完了自己的，又尝了尝我的抹茶味的，又说："但是挺好吃的。"

我带着他们去了一个拍摄汉服写真的地方。他们刚来的时候我就想好了要这么做，我很想看奶奶和妈妈穿上汉服的样子。爸爸被我拉来给我们拍小花絮。

奶奶和妈妈化好妆出来，有点不好意思，还拿手遮了下脸。但她们一看见对方就止不住地笑，不过笑的幅度都变小了。妈妈说："咱们被这衣服限制住了。"

我们拍摄的时候，爸爸在一旁拿着相机给我们拍照，他这些天特意学了下单反的用法。我每次拍完回头看，他不是正在蹲着，就是侧弯着身子在找角度。虽然拍摄效果不如专业约拍好，但他的这种态度得到了家里三个女人的一致好评。

奶奶说："年轻人玩的这些东西还挺有意思。"

我对她说："这东西是有意思，但这可不是年轻人专属的，多大年纪的喜欢都能玩。"

快乐与年龄无关，幸福就在眼前。

年龄不过是一个数字，不是玩乐的限制。儿童玩具不是只有儿童可以玩，唱歌、跳舞也不是年轻人的专利。只要这件事情你喜欢，你能从中获得快乐，又不会危害自己和他人，有什么不能做呢？

生命是场倒计时，分秒都值得珍惜，明天不比今天的时间富余，享受此刻的幸福才最重要。

想爱的人现在去爱，想见的人现在去见，想做的事现在去做，能现在体会到的幸福就趁现在去体会。

别等什么来日方长，你要现在就快乐。

不要只是期待未来，幸福应该在今天、在此刻就开出花来。

图书在版编目（CIP）数据

生活奇奇怪怪，你要可可爱爱 / 夏天著. -- 北京：新世界出版社, 2024.7. -- ISBN 978-7-5104-7950-2

Ⅰ. B848.4-49

中国国家版本馆 CIP 数据核字第 2024MU1800 号

生活奇奇怪怪，你要可可爱爱

作　　者：	夏　天
责任编辑：	董晶晶
责任校对：	宣　慧　张杰楠
责任印制：	王宝根
出　　版：	新世界出版社
网　　址：	http://www.nwp.com.cn
社　　址：	北京西城区百万庄大街 24 号（100037）
发 行 部：	(010)6899 5968（电话）　(010)6899 0635（电话）
总 编 室：	(010)6899 5424（电话）　(010)6832 6679（传真）
版 权 部：	+8610 6899 6306（电话）　nwpcd@sina.com（电邮）
印　　刷：	天津丰富彩艺印刷有限公司
经　　销：	新华书店
开　　本：	880mm×1230mm　1/32　尺寸：145mm×210mm
字　　数：	185 千字　　　　　　　　印张：8
版　　次：	2024 年 7 月第 1 版　2024 年 7 月第 1 次印刷
书　　号：	ISBN 978-7-5104-7950-2
定　　价：	49.00 元

版权所有，侵权必究

凡购本社图书，如有缺页、倒页、脱页等印装错误，可随时退换。

客服电话：(010)6899 8638